westermann

einz Frisch, Erwin Lösch, Erich Renner

Metalltechnik

chstufe 1 + 2
chnologie

uflage

D1725636

tellnummer 55118

Vorwort

Den Arbeitsblättern „Metalltechnik-Grundstufe" folgten bisher die Arbeitsblätter zur „Metalltechnik-Fachstufe 1" und „Fachstufe 2". Die Fachstufen sind nun in einer Neuauflage zusammengefasst. Diese enthält alle Themen der bisherigen Fachstufe 1 und die wesentlichen Themen der Fachstufe 2, alle aktualisiert und auf dem Stand der Technik, so z. B. eine Erweiterung der Steuerungstechnik, neue Normen, Qualitätsmanagement mit statistischer Prozessregelung.
Die Reihenfolge der Themen im Unterricht bleibt der Absprache von Lehrern und Schülern überlassen.

Bemerkungen zum Einsatz der Arbeitsblätter

1. Die Arbeitsblätter wollen das **Wichtige und Wesentliche** der einzelnen Lehreinheiten in **übersichtlicher und deshalb einprägsamer** Weise festhalten. Sie wollen nicht das Lehrbuch ersetzen. Sehr wohl dagegen eignen sie sich zur Arbeit mit dem Lehrbuch. Die Arbeitsblätter könne grundsätzlich mit allen gängigen Fachkundebüchern verwendet werden.

2. Es bieten sich drei grundsätzliche Möglichkeiten an:

   a) **Einsatz als vorbereitende Hausaufgabe:** Der Schüler arbeitet zu Hause unter Verwendung eine Fachkundebuchs ein bestimmtes Thema durch. Es empfiehlt sich dabei, mit Bleistift zu schreiber damit in der Schule noch Korrekturen vorgenommen werden können.

   b) **Einsatz als nachbereitende Hausaufgabe:** Nach der Besprechung einer Lehreinheit im Unterric arbeitet der Schüler zu Hause das entsprechende Arbeitsblatt durch.

   c) **Einsatz während des Unterrichts:** Jeder Einzelabschnitt einer Lehreinheit (A, B usw.) dient dabe als Teilziel im Unterricht.
   Ist dieses Teilziel erarbeitet, wird anschließend sofort der entsprechende Abschnitt ausgefüllt. Im Unterricht der Autoren hat sich dieser Einsatz sehr gut bewährt.

Die Autoren

service@westermann.de
www.westermann.de

Bildungsverlag EINS GmbH
Ettore-Bugatti-Straße 6–14, 51149 Köln

ISBN 978-3-427-**55118**-8

westermann GRUPPE

Inhaltsverzeichnis

Inhaltsverzeichnis

Name:	Klasse:	Datum:

Problemstellung:

Der Hersteller von Nockenwellen für Kraftfahrzeuge muss garantieren, dass die Nocken ein bestimmtes Passmaß einhalten. Die Qualitätskontrolle erfolgt mithilfe von Messuhren.

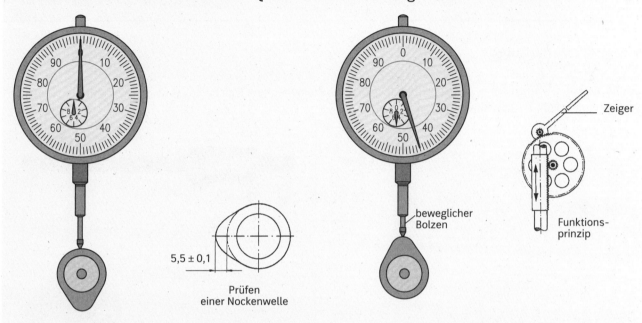

Prüfen einer Nockenwelle

Beschreiben Sie mündlich den Ablauf des Messvorgangs.

A Grundbegriffe

① Ordnen Sie die folgenden Fachbegriffe den Beschreibungen der oben abgebildeten Messuhr zu. *Messgröße, Messwert, Anzeigebereich, Messbereich, Skalen(teilungs)wert, Messgrößenaufnehmer, Messgrößenwandler, Messgrößenverstärker, Messwertanzeige.*

Die zu messende Nockenhöhe	
Der auf der Nockenwelle aufliegende bewegliche Bolzen der Messuhr	
Zahnstange und Zahnrad in der Messuhr	
Die Zahnradübersetzung (doppelte Übersetzung) in der Messuhr	
Der vom kleinen und großen Zeiger angegebene reine Zahlenwert von 5,45	
Die gemessene Nockenhöhe von **5,45 mm (Zahlenwert + Maßeinheit)**	
Das Maß, das dem Abstand von zwei nebeneinander liegenden Strichen auf der Skale entspricht. Bei der abgebildeten Messuhr: 0,01 mm (≙ Messgenauigkeit)	

Der Bereich, der vom Zeiger auf der Skale angezeigt werden kann. Bei der abgebildeten Messuhr: 100 Teilstriche $\triangleq \frac{100}{100}$ mm $\triangleq$ 1 mm	
Die größte mit einem Messgerät erfassbare Messgröße (bei Messuhren: die größte erfassbare Maßabweichung). Bei der abgebildeten Messuhr: 10 × der Anzeigebereich $\triangleq$ 10 × 1 mm $\triangleq$ 10 mm	

B Signalverarbeitung

① Wie werden die abgebildeten Messgeräte fachgerecht bezeichnet, und welche grundsätzlichen Arten der Signalverarbeitung zeigen die Abbildungen?

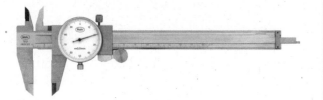

Signalverarbeitung

Signalverarbeitung

② Welche Vorteile bieten die jeweiligen Messgeräte?

Vorteile analoger Messgeräte	**Vorteile digitaler Messgeräte**

C Prüfmittelüberwachung

① Mit welchem Fachausdruck bezeichnet man die Ermittlung von systematischen Messfehlern (≙ Messabweichungen, die durch das Messgerät bedingt sind)?

Ermittlung von Messgerätefehlern

② Welche grundsätzlichen Möglichkeiten des Kalibrierens gibt es?

③ Ähnlich dem „TÜV" bei Kraftfahrzeugen unterliegen bei industrieller Fertigung Messgeräte einer periodischen Kontrolle ihrer Messsicherheit. Wann ist nach dem Kalibrierungs-Aufkleber die nächste Kontrolle fällig?

D Mechanische Feinmessgeräte

① Welche Kennwerte hat das abgebildete Messgerät?

Skalenteilungswert: _____

Messbereich: _____

Signalverarbeitung: _____

(Bezeichnung)

② Nach welchem technischen Prinzip funktionieren solche Messgeräte?

E Pneumatische Feinmessgeräte

① Aus welchen Hauptteilen bestehen pneumatische Feinmessgeräte? Benennen Sie das Prüfwerkzeug und das Werkstück.

1 _____

2 _____

3 _____

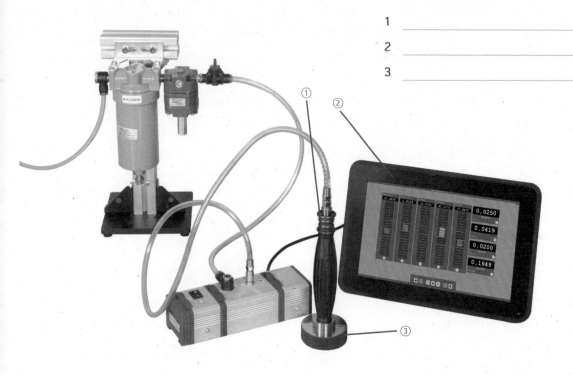

② Nach welchem Prinzip funktionieren pneumatische Feinmessgeräte? (vgl. Beispiel oben: Messgerät mit Messdorn)

_____

_____

_____

_____

③ Wofür werden pneumatische Messgeräte vorwiegend eingesetzt?

_____

_____

④ Welche Vorteile bietet die pneumatische Längenmessung?

_____

_____

_____

_____

F Elektronische Längenmessgeräte

① Aus welchen Hauptteilen bestehen elektronische Längenmessgeräte?

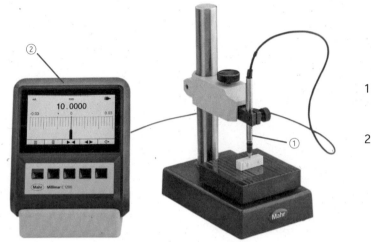

1 _____

2 _____

② Nach welchem Prinzip funktionieren elektronische Längenmessgeräte (Beispiel: induktiver Messtaster)?

_____

_____

_____

_____

③ Was zeigt das Anzeigegerät bei der Einzelmessung, der Summenmessung und der Differenzmessung jeweils an und was wird bei den Abbildungen geprüft?

a) Einzelmessung mit einem Messtaster:

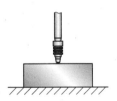   _____   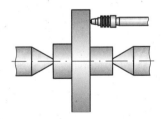   _____

b) Differenzmessung mit zwei Messtastern:

_____

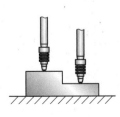   _____   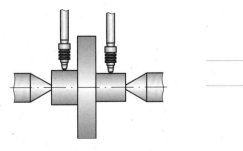   _____

Problemstellung:

Sie sind sich nicht mehr sicher, ob eine von Ihnen verwendete Messschraube noch richtig anzeigt. Wie können Sie das Problem lösen?

_____

_____

A Einsatz von Endmaßen

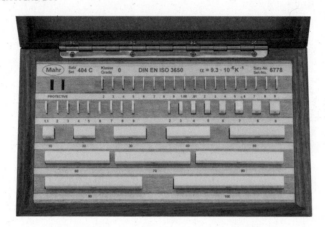

Endmaße

① Aus welchen Stücken setzt sich ein Endmaße-**Normalsatz** zusammen?

9 Endmaße Stufung: 0,001 mm	1,001								
9 Endmaße Stufung: 0,01 mm	1,01								
9 Endmaße Stufung: _____ mm	1,1								
9 Endmaße Stufung: _____ mm	1								
9 Endmaße Stufung: _____ mm	10								

(in Abb. oben zusätzlich: 100 mm)

② Stellen Sie mit dem Endmaße-Normalsatz die folgenden Maße zusammen. Verwenden Sie dabei möglichst wenig Endmaße.

		36,538	62,272
verwendete Endmaße	1.		
	2.		
	3.		
	4.		
	5.		

Welche Regel gilt beim Zusammenstellen?

Die Zusammenstellung beginnt mit dem _____ Stellenwert der Maßzahl (Tausendstel).

③ Stellen Sie noch weitere von Ihnen bestimmte Maße zusammen.

| Name: | Klasse: | Datum: |

④ Nennen Sie weitere Arbeitsbeispiele, bei denen Endmaße verwendet werden.

_____

_____

B Genauigkeit von Endmaßen

① Welche Besonderheit hinsichtlich der Genauigkeit weisen Endmaße auf?

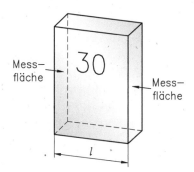

Endmaße ⎯⎯⎯
_____

_____

_____

② Endmaße werden in unterschiedlichen Genauigkeitsgraden hergestellt: K, 0, 1, 2. Ergänzen Sie die Tabelle.

zuläss. Abweichung für Parallelität und Ebenheit*	Genauig-keitsgrad	Kenn-zeichen	spezielle Verwendung
± 0,05 µm	K		
± 0,10 µm	0		
± 0,16 µm	1		
± 0,30 µm	2		

C Arbeitsregeln

① Welche Arbeitsregeln sind beim Umgang mit Endmaßen zu beachten?

a) _____

b) _____

c) _____

d) _____

② Auf welcher physikalischen Erscheinung beruht das gegenseitige Haften der Messflächen („Anschieben"!) und die evtl. Kaltverschweißung?

**Haften der Messflächen
evtl. Kaltverschweißung**

Problemstellung:

Welche Eigenschaften werden von den Laufbahnen und Wälzkörpern eines Wälzlagers verlangt?

_____

_____

Stellen Sie Vermutungen an,
– mit welchen Produktionsverfahren diese Eigenschaften erreicht werden können und
– wie man kontrollieren könnte, dass die Wälzlagerteile die geforderten Eigenschaften aufweisen.

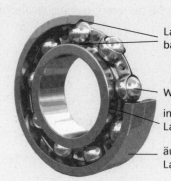

A Gestaltabweichung

① Welche grundsätzlichen Arten der Gestaltabweichung unterscheidet man?

ideale Gestalt	tatsächliche Gestalt	Bezeichnung der Gestaltabweichung	Ursachen der Gestaltabweichung
oder	oder		

② Das Oberflächenprofil, das von Prüfgeräten ermittelt wird ($\triangleq$ Ist-Profil oder P-Profil), enthält zunächst alle Arten der Gestaltabweichung: Formabweichung, Welligkeit, Rauheit.

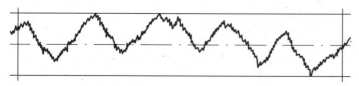

Ist-Profil
(P-Profil $\triangleq$ **P**rimärprofil)

Übertragen Sie – frei Hand – nur die Welligkeit aus dem Ist-Profil.

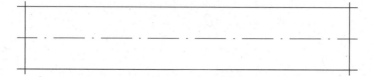

Welligkeitsprofil
(W-Profil)

Welche Formabweichung deutet dieses Welligkeitsprofil an?

_____

Übertragen Sie – frei Hand – nur die Rauheit aus einem Abschnitt des Ist-Profils.

Rauheitsprofil
(R-Profil)

Wie ist also das Welligkeits- und Rauheitsprofil definiert?

Das **Welligkeitsprofil** entsteht, indem die _____ des Ist-Profils

_____ bleibt.

Das **Rauheitsprofil** entsteht, indem die _____ des Ist-Profils

_____ bleibt.

B Rauheit

① Um die Rauheit einer Werkstückoberfläche beschreiben zu können, wurde am stark vergrößerten Modell einer Oberfläche (s. Skizze) eine Reihe von Begriffen entwickelt. Notieren Sie diese Fachbegriffe für die Ziffern in der Skizze.

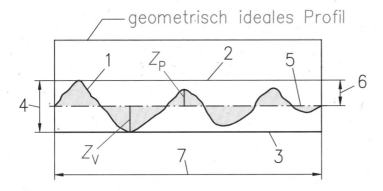

1 _____
2 _____
3 _____
4 _____
5 _____
6 _____
7 _____

Begriffbestimmungen:

a) **Rautiefe Rt** ≙ _____

_____

_____

b) **gemittelte Rautiefe Rz** ≙ _____

_____

_____

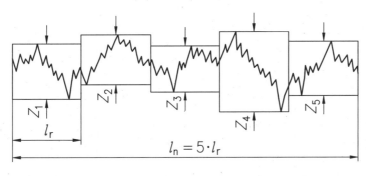

$$Rz = \frac{Z_1 + Z_2 + Z_3 + Z_4 + Z_5}{5}$$

$$l_n = 5 \cdot l_r$$

c)　**Mittenrauwert R_a $\triangleq$** _____

_____

_____

d)　**Glättungstiefe R_p $\triangleq$** _____

_____

_____

② In welcher Maßeinheit wird die Rauheit gemessen?

Rauheit

_____

Wird in technischen Zeichnungen die vorgeschriebene Oberfläche zahlenmäßig angegeben, so müssen sich die Zahlenangaben auf ____ oder ____ beziehen.

③ Spanabhebende Verfahren, wie Drehen, Honen oder Feilen, hinterlassen auf der Werkstückoberfläche systematisch angeordnete Spuren (Rillen, Riefen). Kennzeichnen Sie mit einem Pfeil, in welcher Richtung das Prüfgerät geführt werden muss, wenn die Rauheit ermittelt werden soll.

C Rautiefe und Fertigungsverfahren

Mit welchen Fertigungsverfahren können die folgenden R_z-Werte erreicht werden?

R_z	Fertigungsverfahren
100–400 µm	
10–100 µm	
1–10 µm	
0,1–1 µm	

D Angaben zur Oberflächenbeschaffenheit

① Für die Funktion eines Bauteils ist oft eine hohe Oberflächengüte notwendig. Andererseits kommt die Herstellung einer hohen Oberflächengüte teuer (Maschinen, Zeit).
Für die Oberflächengüte gilt deshalb die Regel:

_____

② Technische Zeichnungen enthalten deshalb für die Fertigung Angaben zur Oberflächenbeschaffenheit der einzelnen Flächen des Werkstücks.

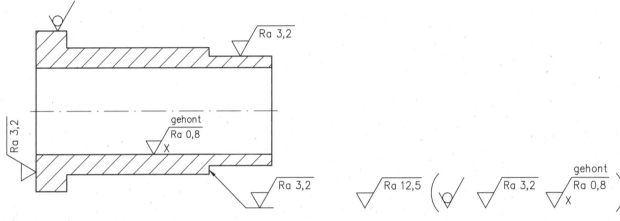

Was bedeuten die Symbole in der Zeichnung und die zusätzlich angegebenen Symbole, die in Zeichnungen vorkommen können?

_____

√ Ra 3,2 _____

gehont
√ Ra 0,8 X _____

√ Ra 12,5 _____

√ Rz 25 _____

geschliffen
0,3 √ Ra 1,6 _____

√ Rzmax 0,8 _____

E Prüfverfahren

① Wie bezeichnet man das abgebildete Verfahren zur Oberflächenprüfung?

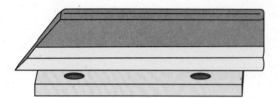

_____

_____

② Wie erfolgt die Oberflächenprüfung mit dem abgebildeten Vergleichsmuster (≙ Prüfnormale)?

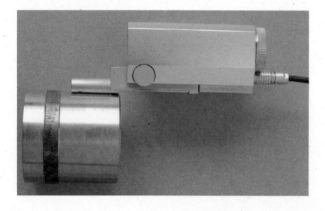

Mittenrauwert Ra in µm								
12,5	6,3	3,2	1,6	0,8	0,4	0,2	0,1	0,05

1. Prüfmöglichkeit:

_____

_____

2. Prüfmöglichkeit:

_____

_____

③ Wie bezeichnet man das abgebildete bzw. skizzierte Gerät zur Oberflächenprüfung?
Geben Sie kurz das Prinzip an, auf dem das Prüfverfahren beruht.

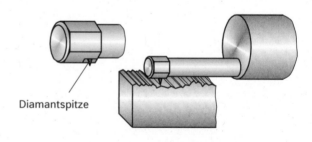

Diamantspitze

Prüffläche in Vergrößerung

_____
(Bezeichnung)

Prinzip:

_____

_____

Problemstellung:

Maschinenbaubetriebe produzieren nicht sämtliche Teile der Maschinen, die sie herstellen.
Beispiel: Eine Automobilfabrik bezieht die Wälzlager für ihre Autos von speziellen Wälz-
lagerherstellern. Warum?

a) _____

b) _____

Bei der Montage des Wälzlagers eines Elektromotors wird der äußere Laufring in die Bohrung
des Lagerdeckels und der innere Laufring auf die Motorwelle gepresst.
Wie kann der problemlose und rasche Einbau des Wälzlagers (Kosten!) sichergestellt werden?

_____

_____

_____

_____

_____

_____

A Passmaß*

① Was versteht man unter Passmaßen?
Passmaße stellen sicher, dass die fertigen Werkstücke beim Zusammenfügen mit anderen Teilen _____ ,
d. h. das vorgegebene Maß haben.
Passmaße geben an, mit welchem Grad der _____ das einzelne Werkstück hergestellt werden
muss. Da ein absolut genaues Maß (z. B. 25,000 ...) nicht erreichbar ist, geben Passmaße an, innerhalb welcher
_____ das fertige Werkstück liegen muss.

_____

* Diese Aufgabe ist gewollt zum Teil eine Wiederholung aus „Metalltechnik, Technologie, Grundstufe."

Dabei bezeichnet man

a) das Hauptmaß (z. B. ø 25) als

b) die bildliche Darstellung der Bezugslinie für das Nennmaß (z. B. 25,000) als

c) das größte Maß, das das fertige Werkstück haben darf, als

d) das kleinste Maß, das das fertige Werkstück haben darf, als

e) Höchstmaß und Mindestmaß zusammen als

f) die erlaubten Abweichungen vom Nennmaß als

die Differenz zwischen der Nulllinie (z. B. 25,000) und dem Höchstmaß als

die Differenz zwischen der Nulllinie (z. B. 25,000) und dem Mindestmaß als

g) den Maßbereich zwischen Höchstmaß und Mindestmaß als

h) das tatsächliche Maß des fertigen Werkstücks als

Ein Werkstück ist richtig hergestellt, wenn das tatsächliche Maß des fertigen Werkstücks (= Istmaß)

---

② Im Folgenden ist am Beispiel des Durchmessers einer Welle bzw. einer Bohrung zeichnerisch dargestellt, was man unter einem Passmaß versteht. Wie bezeichnet man die bezifferten Teilmaße eines Passmaßes?

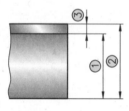
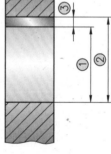

1 _____   2 _____   3 _____

③ In technischen Zeichnungen werden die Teilmaße eines Passmaßes nicht eingezeichnet, sondern das Passmaß wird geschrieben. Dabei gibt es zwei Möglichkeiten:

direkte Angabe: oder   ISO-Angabe:

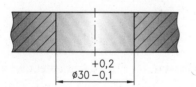

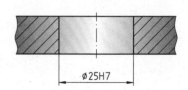

B Beispiele für ISO-Passmaße

Geben Sie bei den folgenden Passmaßen mithilfe des Tabellenbuchs an:
a) die jeweiligen Grenzabmaße (in Mikrometer),
b) das jeweilige Höchst- und Mindestmaß,
c) das jeweilige Toleranzfeld.

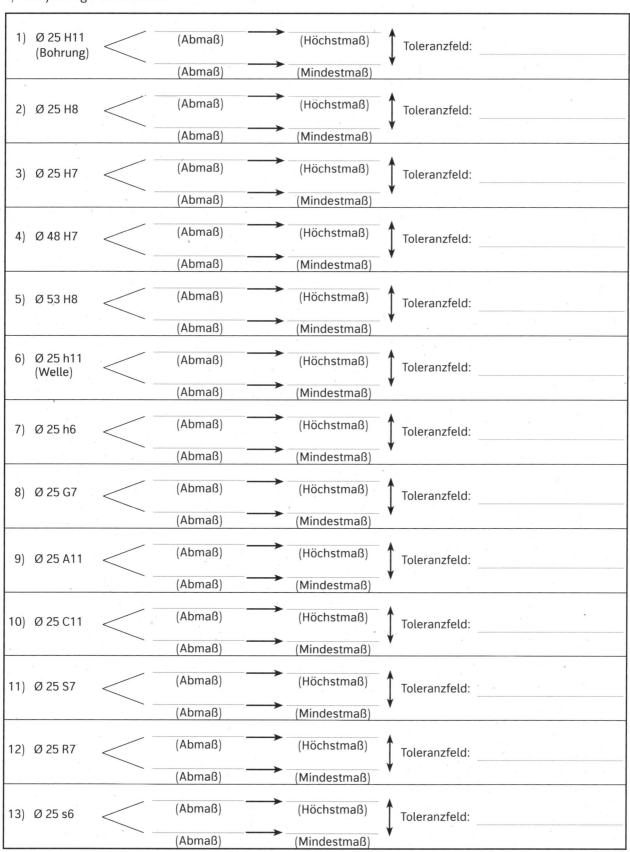

1) Ø 25 H11 (Bohrung)
   (Abmaß) → (Höchstmaß)
   (Abmaß) → (Mindestmaß)
   Toleranzfeld: _____

2) Ø 25 H8
   (Abmaß) → (Höchstmaß)
   (Abmaß) → (Mindestmaß)
   Toleranzfeld: _____

3) Ø 25 H7
   (Abmaß) → (Höchstmaß)
   (Abmaß) → (Mindestmaß)
   Toleranzfeld: _____

4) Ø 48 H7
   (Abmaß) → (Höchstmaß)
   (Abmaß) → (Mindestmaß)
   Toleranzfeld: _____

5) Ø 53 H8
   (Abmaß) → (Höchstmaß)
   (Abmaß) → (Mindestmaß)
   Toleranzfeld: _____

6) Ø 25 h11 (Welle)
   (Abmaß) → (Höchstmaß)
   (Abmaß) → (Mindestmaß)
   Toleranzfeld: _____

7) Ø 25 h6
   (Abmaß) → (Höchstmaß)
   (Abmaß) → (Mindestmaß)
   Toleranzfeld: _____

8) Ø 25 G7
   (Abmaß) → (Höchstmaß)
   (Abmaß) → (Mindestmaß)
   Toleranzfeld: _____

9) Ø 25 A11
   (Abmaß) → (Höchstmaß)
   (Abmaß) → (Mindestmaß)
   Toleranzfeld: _____

10) Ø 25 C11
   (Abmaß) → (Höchstmaß)
   (Abmaß) → (Mindestmaß)
   Toleranzfeld: _____

11) Ø 25 S7
   (Abmaß) → (Höchstmaß)
   (Abmaß) → (Mindestmaß)
   Toleranzfeld: _____

12) Ø 25 R7
   (Abmaß) → (Höchstmaß)
   (Abmaß) → (Mindestmaß)
   Toleranzfeld: _____

13) Ø 25 s6
   (Abmaß) → (Höchstmaß)
   (Abmaß) → (Mindestmaß)
   Toleranzfeld: _____

C Leseregeln für ISO-Passmaße
(Verallgemeinerung der Beispiele von B)

① Betrachten Sie die Beispiele 1 und 6. Welche Regeln zu großen und kleinen Buchstaben können Sie daraus entnehmen?

1. Regel: _____

_____

② Betrachten Sie die Beispiele 1, 2, 3 und 6, 7. Welche Regel zu Toleranzklasse und Toleranzfeld können Sie daraus entnehmen?

2. Regel: Je größer die Toleranzklasse,

umso _____

③ Betrachten Sie die Beispiele 3, 4 und 2, 5. Welche Regel zu Nennmaß und Toleranzfeld können Sie daraus entnehmen?

3. Regel: Je größer das Nennmaß,

umso _____

④ Vergleichen Sie alle H- und h-Passmaße mit den übrigen Passmaßen. Was stellen Sie fest?

4. Regel: _____

_____

_____

⑤ Betrachten Sie die Beispiele 3, 8, 11. Welche Regel zu Buchstaben und Toleranzfeld können Sie daraus entnehmen?

5. Regel: _____

_____

D ISO-Grundtoleranzen

① Auf welchen Gesamtnennmaßbereich beziehen sich die ISO-Grundtoleranzen?

Gesamter Nennmaßbereich: _____

② Wie viele Toleranzklassen gibt es?

Toleranzklassen: _____

③ Wofür werden die einzelnen Toleranzklassen meist verwendet?

IT 01–IT 5 _____

IT 5–IT 13 _____

IT 7–IT 18 _____

E Passungsarten

① Was versteht man unter einer Passung?

_____

_____

_____

② Bei Passungen unterscheidet man – je nachdem, wie die Passmaße für Bohrung und Welle gewählt werden – drei grundsätzliche Möglichkeiten.
Stellen Sie bei den drei Skizzen fest, ob sich durch die Lage der Toleranzfelder „Spiel" oder „Übermaß" ergibt.

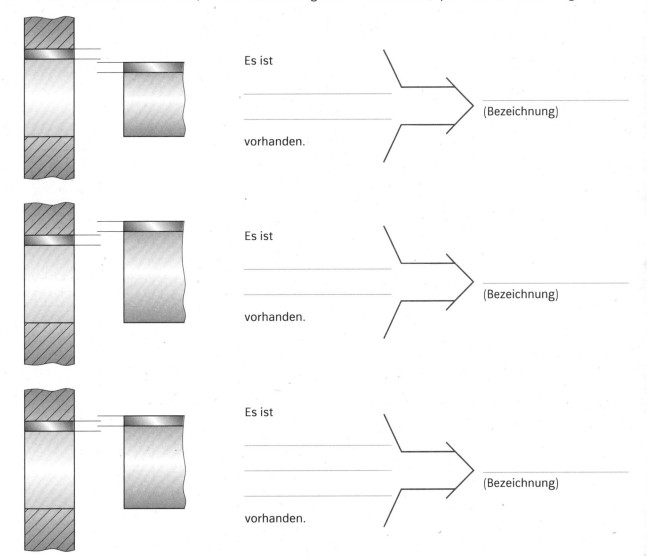

Es ist

_____

_____   (Bezeichnung)

vorhanden.

Es ist

_____

_____   (Bezeichnung)

vorhanden.

Es ist

_____

_____   (Bezeichnung)

vorhanden.

F Beispiele für Passungen

Schreibweise in
technischer Zeichnung

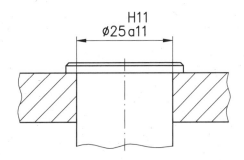

$\varnothing 25 \frac{H11}{a11}$

a) Geben Sie bei den folgenden Passungen mithilfe des Tabellenbuchs die Höchst- und Mindestmaße von Bohrung und Welle an.

b) Stellen Sie fest, um welche Passungsart es sich jeweils handelt.

c) Berechnen Sie bei den jeweiligen Passungen Höchstspiel und Mindestspiel bzw. Höchstübermaß und Mindestübermaß.

a	b	c
1) $\varnothing 45 \frac{H7}{h6}$ Bohrung: _____ < (Höchstmaß) _____ (Mindestmaß) Welle: _____ < (Höchstmaß) _____ (Mindestmaß)		_____ (Höchstspiel) _____ (Mindestspiel) _____ (Höchstübermaß) _____ (Mindestübermaß)
2) $\varnothing 45 \frac{H6}{k6}$ Bohrung: _____ < (Höchstmaß) _____ (Mindestmaß) Welle: _____ < (Höchstmaß) _____ (Mindestmaß)		_____ (Höchstspiel) _____ (Mindestspiel) _____ (Höchstübermaß) _____ (Mindestübermaß)
3) $\varnothing 45 \frac{H6}{r5}$ Bohrung: _____ < (Höchstmaß) _____ (Mindestmaß) Welle: _____ < (Höchstmaß) _____ (Mindestmaß)		_____ (Höchstspiel) _____ (Mindestspiel) _____ (Höchstübermaß) _____ (Mindestübermaß)
4) $\varnothing 45 \frac{A11}{h11}$ Bohrung: _____ < (Höchstmaß) _____ (Mindestmaß) Welle: _____ < (Höchstmaß) _____ (Mindestmaß)		_____ (Höchstspiel) _____ (Mindestspiel) _____ (Höchstübermaß) _____ (Mindestübermaß)

Name: Klasse: Datum:

a	b	c
5) $\varnothing\,45\,\dfrac{N7}{h6}$ Bohrung: ____ ⟨ (Höchstmaß) / (Mindestmaß) Welle: ____ ⟨ (Höchstmaß) / (Mindestmaß)		(Höchstspiel) (Mindestspiel) (Höchstübermaß) (Mindestübermaß)
6) $\varnothing\,45\,\dfrac{S7}{h6}$ Bohrung: ____ ⟨ (Höchstmaß) / (Mindestmaß) Welle: ____ ⟨ (Höchstmaß) / (Mindestmaß)		(Höchstspiel) (Mindestspiel) (Höchstübermaß) (Mindestübermaß)

G Erkenntnisse

(Verallgemeinerung der Beispiele von F)

Betrachten und vergleichen Sie die Passungsbeispiele von F. Ergänzen Sie danach die folgenden Sätze.

1. Erkenntnis:

Bei einer Passung hat immer entweder die Bohrung oder die Welle den Buchstaben

_____ bzw. _____ .

2. Erkenntnis:

Eine **Spielpassung** ergibt sich, wenn

zu **H** die Buchstaben ____ – ____ ,

zu **h** die Buchstaben ____ – ____ kommen.

Eine **Übermaßpassung** ergibt sich, wenn

zu **H** die Buchstaben ____ – ____ ,

zu **h** die Buchstaben ____ – ____ kommen.

Eine **Übergangspassung** ergibt sich, wenn

zu **H** die Buchstaben ____ – ____ ,

zu **h** die Buchstaben ____ – ____ kommen.

H Passsysteme

① Wie unterscheiden sich die Passsysteme Einheitswelle und Einheitsbohrung?

Einheitsbohrung (EB)	**Einheitswelle (EW)**

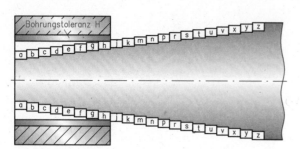
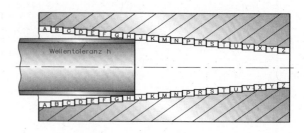

Passungen, bei denen die Bohrung den Buchstaben **H** hat, gehören zum

> System _____ .

Lage der Nulllinie:

_____

_____

Passungen, bei denen die Welle den Buchstaben **h** hat, gehören zum

> System _____ .

Lage der Nulllinie:

_____

_____

② In welchen technischen Bereichen wird das System Einheitsbohrung angewendet?

_____

_____

_____

In welchen technischen Bereichen wird das System Einheitswelle angewendet?

_____

_____

_____

③ Welche Vorteile hat das System Einheitsbohrung?

_____

_____

_____

Welche Vorteile hat das System Einheitswelle?

_____

_____

_____

I Passungsauswahl

Welchen Vorteil hat die Passungsauswahl nach Vorzugsreihen (siehe Tabellenbuch)?

_____

_____

_____

K Geometrische Tolerierung (DIN EN ISO 1101)

① Ergänzen Sie die Tabelle mit den jeweiligen geometrischen Tolerierungen.
Erklären Sie die beiden dargestellten Beispiele ausführlich.
(Tabellenbuch benutzen!)

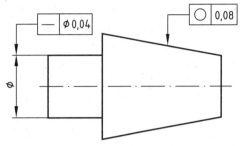

Tolerierung von Form, Richtung, Ort und Lauf:

	Sinnbild	tolerierte Eigenschaft	Sinnbild	tolerierte Eigenschaft
Formtoleranzen	—	Ausführliche Erklärung: _____	◯	Ausführliche Erklärung: _____
	▱		⌔	
	⌒		⌓	
Richtungstoleranzen	∥	_____	⊥	_____
	∠	_____		
Ortstoleranzen	⊕	_____	◎	_____
	＝	_____		
Lauftoleranzen	↗	_____	⤢	_____

② Tragen Sie jeweils die geforderten geometrischen Tolerierungen normgerecht ein. (Tabellenbuch benutzen!)

a) Die Achse des Exzenterzapfens muss parallel zur Achse der Welle liegen; sie darf von dieser nur innerhalb eines gedachten Zylinders mit 0,05 mm Durchmesser abweichen. Zudem muss die Mantelfläche des Zapfens zwischen zwei gedachten koaxialen Zylindern mit 0,08 mm Abstand liegen.

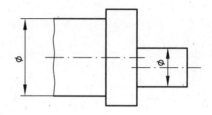

b) Die untere Führungsfläche muss zwischen zwei gedachten parallelen Ebenen mit 0,07 mm Abstand liegen. Die schräge Fläche muss zwischen zwei gedachten parallelen Ebenen mit 0,2 mm Abstand liegen, die im theoretisch genauen Winkel von 30° zur unteren Fläche geneigt sind.

c) Bei Drehung der Welle um die Achsen der beiden Lagerzapfen darf die Mantelfläche der Riemenscheibe in jeder Messebene senkrecht zur Achse eine Rundlaufabweichung von höchstens 0,1 mm haben.

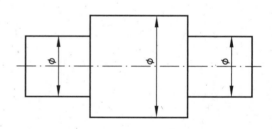

d) Die Bohrungsachse muss von den beiden Bezugskanten jeweils einen theoretisch genauen Abstand von 15 mm haben; sie darf von diesen Bezugskanten nur innerhalb eines gedachten Zylinders mit 0,1 mm Durchmesser abweichen. Zudem ist die Rechtwinkligkeit der linken Bezugskante zur unteren Kante so toleriert, dass die linke Bezugskante zwischen zwei gedachten parallelen Ebenen mit Abstand 0,2 mm liegen muss.

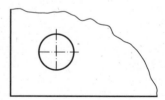

Name:	Klasse:	Datum:

A Einteilung

① Bei spanabnehmenden Verfahren wird der Span durch die Werkzeugschneide vom Werkstück abgehoben. Zeichnen Sie beim Drehmeißel Freiwinkel (α), Keilwinkel (β) und Spanwinkel (γ) und bei den vergrößerten Schleifkörnern den Keilwinkel ein. Welchen grundlegenden Unterschied stellen Sie fest?

<table>
<tr><td>Drehen</td><td>Planschleifen</td></tr>
</table>

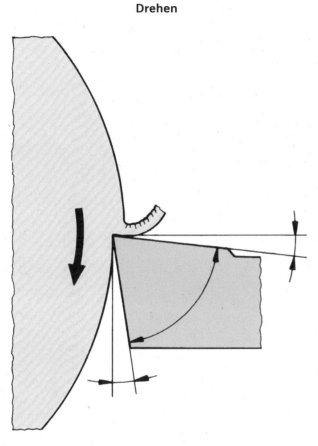

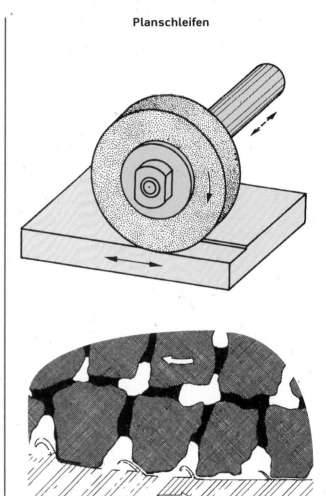

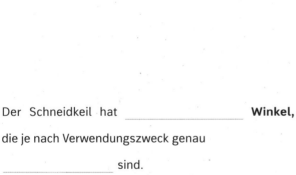

Der Schneidkeil hat _____ **Winkel,**
die je nach Verwendungszweck genau

_____ sind.

Der Schneidkeil hat _____ Winkel,
die von seiner _____ Form

abhängen.

② Wie bezeichnet man Spanungsverfahren,

die mit solchen Schneiden arbeiten?

Spanungsverfahren mit

_____

_____

Wie bezeichnet man Spanungsverfahren,

die mit solchen Schneiden arbeiten?

Spanungsverfahren mit

_____

_____

B Verfahren mit geometrisch bestimmter Schneide

① a) Wie bezeichnet man die folgenden Spanungsverfahren (möglichst genaue Bezeichnung)?
   b) Bestimmen Sie mithilfe der angegebenen Pfeile die Hauptbewegung (H), die Vorschubbewegung (V) und die Zustellbewegung (Z).
   c) Notieren Sie eventuelle Besonderheiten der Verfahren und Arbeitsbeispiele.

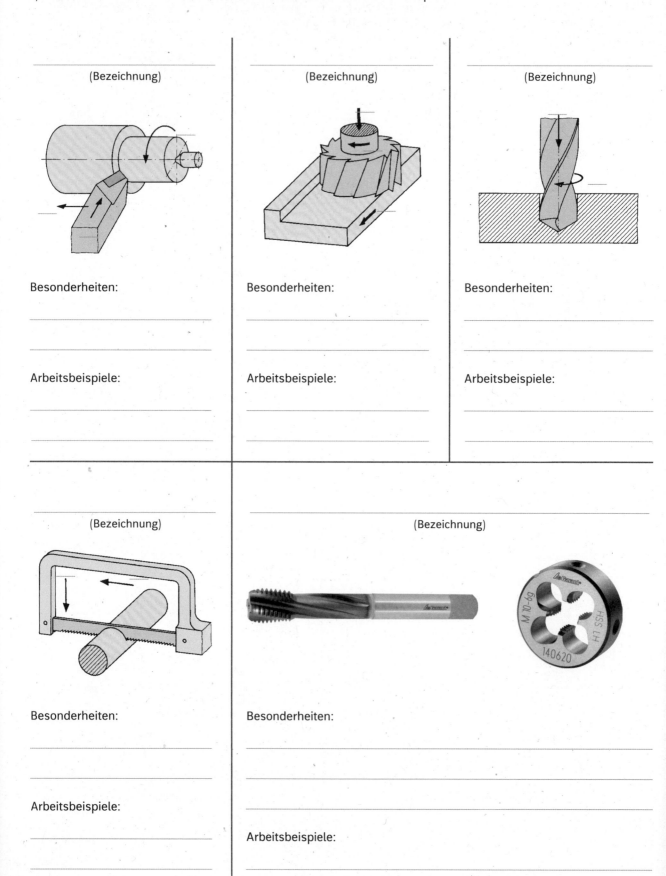

(Bezeichnung)

Besonderheiten:

_____

_____

Arbeitsbeispiele:

_____

_____

(Bezeichnung)

Besonderheiten:

_____

_____

Arbeitsbeispiele:

_____

_____

(Bezeichnung)

Besonderheiten:

_____

_____

Arbeitsbeispiele:

_____

_____

(Bezeichnung)

Besonderheiten:

_____

_____

Arbeitsbeispiele:

_____

_____

(Bezeichnung)

Besonderheiten:

_____

_____

Arbeitsbeispiele:

_____

② Nennen Sie weitere Spanungsverfahren mit geometrisch bestimmter Schneide.

_____

_____

_____

③ Welche Vor- und Nachteile haben **mehrschneidige** Werkzeuge mit geometrisch bestimmter Schneide?

Vorteile:	**Nachteile:**

C Verfahren mit geometrisch unbestimmter Schneide

a) Wie bezeichnet man die folgenden Spanungsverfahren (möglichst genaue Bezeichnung)?
b) Bestimmen Sie bei den einzelnen Verfahren die Hauptbewegung (H), die Vorschubbewegung (V) und die Zustellbewegung (Z).
c) Notieren Sie eventuelle Besonderheiten der Verfahren und Arbeitsbeispiele.

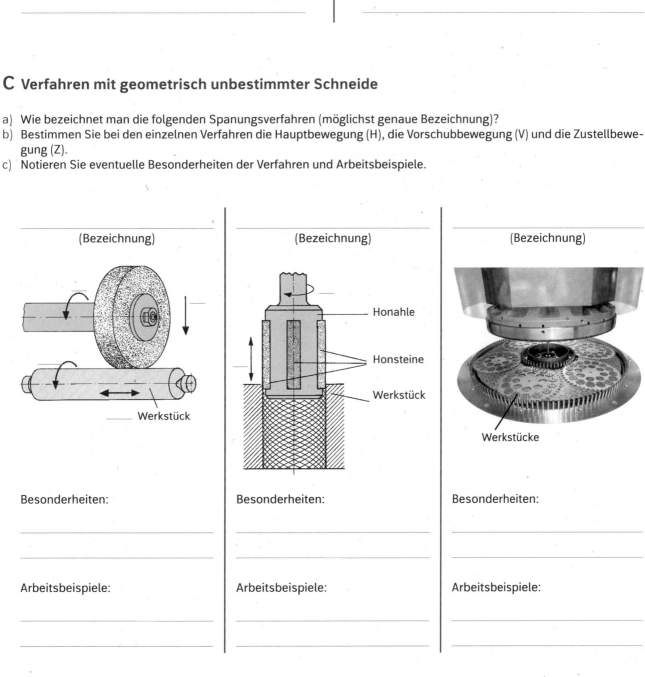

(Bezeichnung)   (Bezeichnung)   (Bezeichnung)

Werkstück

Honahle

Honsteine

Werkstück

Werkstücke

Besonderheiten: Besonderheiten: Besonderheiten:

Arbeitsbeispiele: Arbeitsbeispiele: Arbeitsbeispiele:

Problemstellung:

Nach einer Dreharbeit ist die Oberfläche der Welle unerwartet rau. Welche Ursachen kann diese unerwünschte Erscheinung haben?

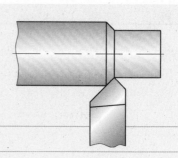

1.6.1 Aufbau der Drehmaschine

A Drehmaschinen

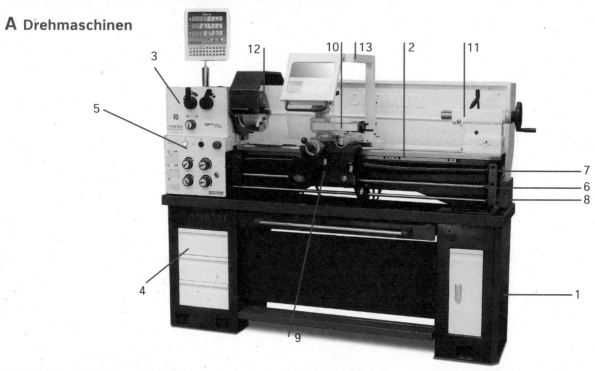

① Wie bezeichnet man die abgebildete Drehmaschine? Welchen Vorteil hat sie gegenüber anderen Drehmaschinen?

oder

oder

Vorteil:

② Wie heißen die bezifferten Teile der Drehmaschine?

1

2

3

4

5

6

7

8

9

10

11

12

13

B Drehmaschinengröße

Die Größe einer Spitzendrehmaschine wird nach ihrer Spitzenhöhe und ihrer Spitzenweite bestimmt. Was versteht man unter diesen beiden Begriffen?

Spitzenhöhe =

Spitzenweite =

C Werkzeugschlitten

Wie heißen die bezifferten Teile des Werkzeugschlittens?

1

2

3

4

D Zug- und Leitspindel

① Wie unterscheiden sich Zugspindel und Leitspindel äußerlich?

Zugspindel

Leitspindel

② Welche Aufgaben haben Zugspindel und Leitspindel?

③ Bei welchen Dreharbeiten werden Zugspindel und Leitspindel jeweils verwendet?

Zugspindel

Leitspindel

E Reitstock

Welche Aufgaben hat der Reitstock?

a)

b)

1.6.2 Allgemeine Dreharbeiten

A Rund- und Plandrehen

① Welche genauen Bezeichnungen tragen die dargestellten Drehverfahren?

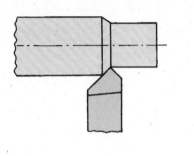   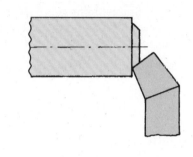

_____   _____

② Wie muss der Drehmeißel eingestellt werden, wenn Wellen mit kleineren Durchmessern langgedreht werden?

Bei Wellen mit kleineren Durchmessern soll der Drehmeißel einen

_____ κ von _____ ° haben, damit der

_____ in Richtung der Werkstückachse wirkt.

Dadurch kann sich das Werkstück nicht _____ .

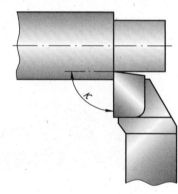

B Innendrehen

Welche Arbeitsregeln gelten für das Ausdrehen von Bohrungen?

a) Die **Drehmeißelschneide** soll etwas _____ Mitte eingestellt werden.

  Grund: _____

b) Die **Schnitttiefe** soll _____ sein.

  Grund: _____

C Ein- und Abstechen

Wie müssen Stechdrehmeißel (zum Drehen von Nuten) eingespannt werden?

a) _____

b) _____

c) _____

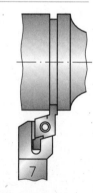

D Formdrehmeißel

Was ist bei Arbeiten mit Formdrehmeißeln zu beachten?

a) Die **Drehmeißelschneide** muss _____ auf _____ eingestellt werden.

b) Beim **Nachschleifen** darf nur die _____ geschliffen werden;

  der **Spanwinkel** = _____ ° .

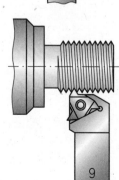

Name:	Klasse:	Datum:

1.6.3 Kegeldrehen

A Herstellungsverfahren

Geben Sie an:
a) die Bezeichnung des jeweiligen Kegeldrehverfahrens,
b) welche Arten von Kegeln (kurz – lang – schlank) mit den einzelnen Verfahren hergestellt werden können,
c) welche Vorteile die einzelnen Verfahren haben.

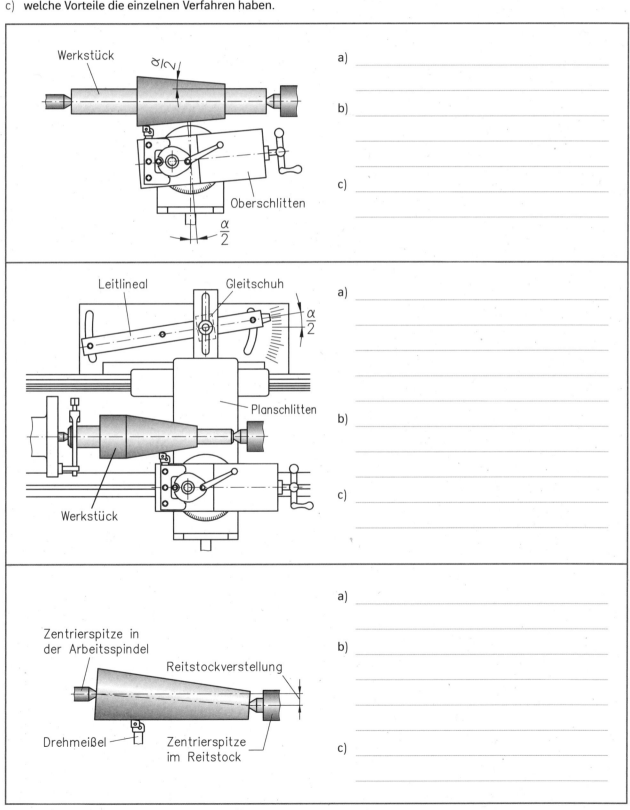

a) _____

b) _____

c) _____

a) _____

b) _____

c) _____

a) _____

b) _____

c) _____

B Kegel

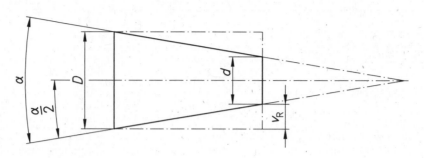

① Wie nennt man die Winkel α und $\frac{\alpha}{2}$?

_____

Welche praktische Bedeutung hat der Winkel $\frac{\alpha}{2}$ für das Kegeldrehen?

_____

② Berechnen Sie das Maß v_R.

$$v_R = \underline{\qquad\qquad}$$

Welche praktische Bedeutung hat das Maß v_R für das Kegeldrehen?

_____

_____

③ Was muss bei der Reitstockverstellung beachtet werden?

a) _____

b) _____

C Arbeitsgenauigkeit

Wovon hängt die Formgenauigkeit eines Kegels beim Kegeldrehen ab?

_____

1.6.4 Gewindedrehen

A Gewindesteigung und Vorschub

Welcher Zusammenhang besteht zwischen der Steigung des Gewindes, das gedreht werden soll, und dem Vorschub (in mm/U) des Gewindedrehmeißels?

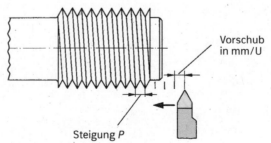

B Arbeitsregeln

① Welche Vorbereitungen müssen an der Drehmaschine vor dem Gewindedrehen getroffen werden?

Stellung Drehmeißel:

Gewindedrehmeißel

_____

_____

Stellung Drehmeißel:

_____

_____

_____

_____

Vorschubschaltung:

_____

② Welche Arbeitsregeln müssen **während** des Gewindedrehens beachtet werden?

Schlossmutter:

_____

_____

Zustellung:

Beim Gewindedrehen werden bei der Zustellung verschiedene Möglichkeiten unterschieden:

Zustellungsart	Anwendung
Radiale Zustellung:	
Flankenzustellung:	
Wechselseitige Zustellung:	

Die Flankenzustellung ist beim Gewindedrehen die gängigste Methode. Dabei wird der Drehmeißel senkrecht und seitlich zugestellt. Bei einer Schnitttiefe von 0,2 mm wird seitlich maximal die Hälfte verstellt. Beachten Sie, dass sich am Planschlitten die Zustellung verdoppelt!

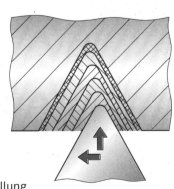

Flankenzustellung

③ Ermitteln sie den Kerndurchmesser und die Zustellung bei einem Außengewinde M20 × 1,5.

Kern-Ø: _____   Zustellung: _____

④ Ergänzen Sie die Tabelle für die Flanken-zustellung.

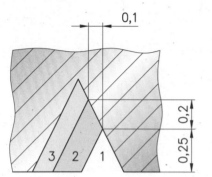

Schnitte	Zustellung am Planschlitten	Zustellung Schnitttiefe	seitliche Zustellung
1	0,5	0,25	–
2			
3			
4			
5			
6			
Gesamt			
Schlichten			

C Prüfwerkzeuge für Gewinde

Welche Möglichkeiten, Gewinde zu prüfen, gibt es? Benennen Sie die abgebildeten Gewindeprüfwerkzeuge und erläutern Sie deren Verwendung.

Prüfwerkzeug	Bezeichnung	Verwendung

1.7.1 Fräsen

A Aufbau einer konventionellen Universal-Fräsmaschine

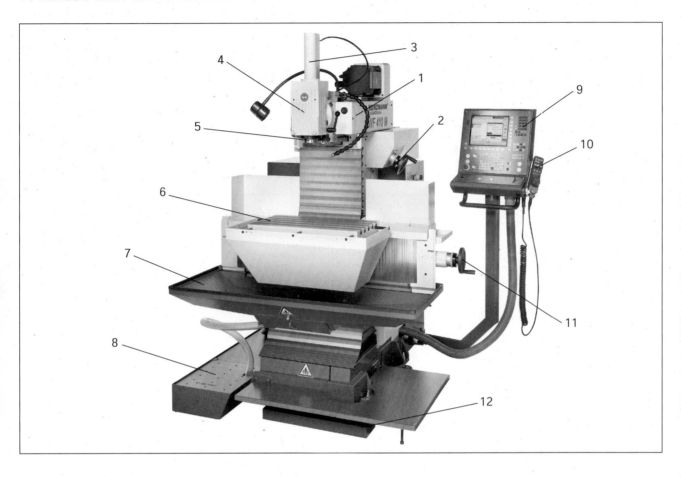

① Wozu wird eine Universal-Fräsmaschine eingesetzt?

_____

② Wie werden die nummerierten Teile der Fräsmaschine bezeichnet?

1 _____	7 _____
2 _____	8 _____
3 _____	9 _____
4 _____	10 _____
5 _____	11 _____
6 _____	12 _____

B Arten des Fräsens

① Welche zwei Grundarten des Fräsens unterscheidet man?

Fräserachse und **zu bearbeitende Fläche stehen**

_____ zueinander.

② Welche Form hat der Span?

_____

_____

Fräserachse und **zu bearbeitende Fläche stehen**

_____ zueinander.

Welche Form hat der Span?

_____

_____

C Umfangsfräsen (Walzfräsen)

① Welche zwei Arten des Umfangsfräsens unterscheidet man?

_____　　_____

② Skizzieren Sie die Form des Spans, der bei den beiden Verfahren entsteht.

Zu welchem Zeitpunkt der Spanabhebung ist der Span am dicksten?

_____　　_____

_____　　_____

_____　　_____

Name: Klasse: Datum:

③ Welche **Nachteile** hat das **Gegenlauf**fräsen?

_____

_____

_____

_____

_____

Welche **Vorteile** hat das **Gleichlauf**fräsen?

_____

_____

_____

_____

_____

D Stirnfräsen

Beispiel: Walzenstirnfräser

Hauptschneide

Nebenschneide

① Welche Aufgaben erfüllen die Hauptschneiden und die Nebenschneiden am Stirnfräser?

Hauptschneiden: _____

_____

Nebenschneiden: _____

_____

② Welche Vorteile hat das Stirnfräsen gegenüber dem Umfangsfräsen?

Vorteile des Stirnfräsens
- _____
- _____
- _____

E Schnittgeschwindigkeit und Vorschub

In welchen Maßeinheiten werden die Schnittgeschwindigkeit und der Vorschub beim Fräsen angegeben?

Schnittgeschwindigkeit	Vorschub
_____	_____ oder _____

F Fräser

① Wie nennt man die abgebildeten Fräser?

② Welche Fräser (a–m) werden zu den folgenden Fräsarbeiten verwendet? (Die Abfräsung ist durch Strich-Punkt-Linien gekennzeichnet.)

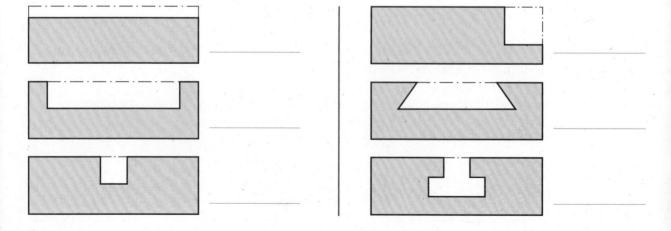

Name:	Klasse:	Datum:

G Spannwerkzeuge

a) Wie bezeichnet man die folgenden Spannwerkzeuge für Fräser?
b) Welche Fräser werden damit aufgespannt? (Nennen Sie Beispiele.)

a) _____

b) _____

a) _____

b) _____

a) _____

b) _____

Problemstellung:

Die Schlitten an einer Drehmaschine (Bett-, Plan-, Oberschlitten) werden in Schwalbenschwanzführungen bewegt.

a) Welche Anforderungen werden an die Führungsflächen gestellt?

_____

_____

b) Mit welchen Verfahren lassen sich solche Führungsflächen herstellen?

_____

c) Was bedeutet das Zeichen $\sqrt{^{\text{Ra 0,1}}}$?

_____

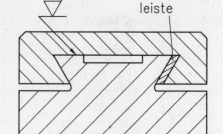

A Zweck

Welche besonderen Eigenschaften können Werkstücke durch Schleifen erhalten?

geschliffene Werkstücke $<$ _____

_____

B Schleifscheibe

Woraus bestehen Schleifscheiben?

_____ $\longrightarrow$ 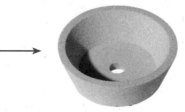 $\longleftarrow$ _____

C Schleifmittel

Die heute vorwiegend verwendeten Schleifmittel sind: Siliciumkarbid, Edelkorund (Elektrokorund), Diamant, Bornitrid. Ordnen Sie diese in die Tabelle ein.

Schleifmittel	chem. Kurzz.	Norm- buchst.	natürliche Farbe	bearbeitete Werkstoffe

(steigende Härte ↑)

Name:	Klasse:	Datum:

D Körnung

① Was versteht man unter der Körnung einer Schleifscheibe?

Körnung ≙ _____

② Die Größe der Schleifkörner wird mit Körnungsnummern angegeben. Dabei unterscheidet man vier Klassen. Ermitteln Sie diese mithilfe des Tabellenbuchs. Welche Rautiefe Rz (vgl. S. 14) lässt sich damit jeweils erzielen?

F4–F24	_____ Körnung	$Rz \approx$ _____ µm
F30–F60	_____ Körnung	$Rz \approx$ _____ µm
F70–F220	_____ Körnung	$Rz \approx$ _____ µm
F230–F1200	_____ Körnung	$Rz \approx$ _____ µm

Welche Regel lässt sich daraus ablesen?

Je _____ die **Körnungsnummer**, umso _____ die **Körnung**.

③ Welche Auswirkungen hat die Körnung (Korngröße) auf die Schleifarbeit?

_____	← **Körnung** →	_____

Welche Regeln gelten dabei?

Je _____ die **Körnung**, umso _____ die **Schleifzeit**.

Je _____ die **Körnung**, umso _____ die **Oberfläche**.

E Bindung (Bindemittel)

① Welche Aufgabe hat die Bindung?

_____

② Welche Arten von Bindemitteln werden hauptsächlich verwendet? Notieren Sie neben die Kurzzeichen die ausführliche Benennung und besondere Eigenschaften.

Kurz-zeichen	ausführliche Benennung	Eigenschaften
V		
B BF		
R RF		
M		
G		

F Härte

① Was versteht man unter der Härte einer Schleifscheibe?

Unter der Härte einer Schleifscheibe versteht man _____

_____

„Harte" Bindungen ≙ _____

„Weiche" Bindungen ≙ _____

② Die Härte von Schleifscheiben bezeichnet man mit Buchstaben von A bis Z. Ermitteln Sie mithilfe des Tabellenbuchs die Bedeutung der folgenden Kennbuchstaben.

A–D	
E–G	
H–K	
L–O	
P–S	
T–W	
X–Z	

③ Welche Regel gilt für die Auswahl von Schleifscheiben hinsichtlich ihrer Härte?

Harte Werkstoffe	**Weiche** Werkstoffe
verlangen	verlangen
_____ Schleifscheiben.	_____ Schleifscheiben.

Begründen Sie diese Regel.

_____

_____

_____

_____

G Gefüge

① Was versteht man unter dem Gefüge einer Schleifscheibe?

Gefüge ≙ _____

_____

② Die unterschiedlichen Gefüge von Schleifscheiben bezeichnet man mit Ziffern von 0 bis 14 (in Sonderfällen bis 30). Ordnen Sie die Gefügezahlen 0, 7, 14 unter dem angegebenen Gesichtspunkt.

offenes Gefüge
(große Porenräume) _____

_____

_____   sehr dichtes Gefüge

③ Welche Regel gilt für die Auswahl von Schleifscheiben hinsichtlich ihres Gefüges?

Je _____ Zustellung und Vorschub beim Schleifen sind, umso _____ sollte

das Gefüge der Schleifscheibe sein.

H Normung einer Schleifscheibe

Was bedeutet das folgende Kurzzeichen für eine Schleifscheibe?

Schleifscheibe ISO 603-1 1 A-250 x 25 x 76-A/F54 M 4 V-50

_____
_____
_____
_____
_____
_____
_____

I Aufspannen der Schleifscheibe

Welche Vorschriften oder Arbeitsgänge müssen beachtet werden, wenn Schleifscheiben auf Schleifspindeln aufgespannt werden?

a) _____

b) _____

c) _____

d) _____

e) _____

f) _____

g) _____

K Schleifverfahren

① Schleifverfahren werden bezeichnet nach der Form, die das **Werkstück** erhält. Wie bezeichnet man danach die beiden dargestellten Schleifverfahren?

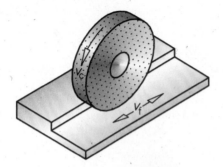
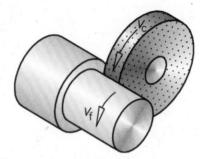

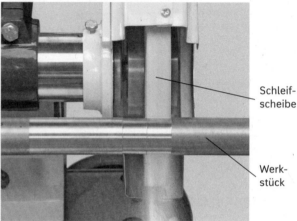

Schleif-
scheibe

Werk-
stück

Schleif-
scheibe

Werk-
stück

② Wie werden die Werkstücke auf dieser Schleifmaschine gespannt?

_____

_____

_____

Wie werden die Werkstücke auf dieser Schleifmaschine gespannt?

_____

_____

_____

L Schnittgeschwindigkeit

① In welcher Einheit wird die Schnittgeschwindigkeit bei den folgenden Zerspanungsverfahren angegeben?

Bohren	Drehen	Schleifen	Fräsen	Bandsägen
_____	_____	_____	_____	_____

② Aus Gründen des Unfallschutzes wird bei Schleifscheiben die höchstzulässige Umfangsgeschwindigkeit ($\triangleq$ Schnittgeschwindigkeit) mit einem Farbstreifen angegeben, der sich quer über die Scheibe zieht. Erläutern Sie die folgenden Farben mithilfe Ihres Tabellenbuchs.

____ m/s	____ m/s	____ m/s	____ m/s	____ m/s	____ m/s	____ m/s

| Name: | Klasse: | Datum: |

Problemstellung:

Bei Schrupparbeiten mit einer Drehmaschine bricht die Schneide des Drehmeißels. Welche Ursachen können dafür vorliegen?

_____

_____

_____

A Zerspankraft*

① Die Zerspankraft F ist die Kraft, die beim Zerspanungsvorgang insgesamt aufgewendet werden muss. Sie ist die Resultante (= Sammelkraft) aller am Werkzeug auftretenden Teilkräfte. Stellen Sie diese Teilkräfte und ihre Wirkungen fest.

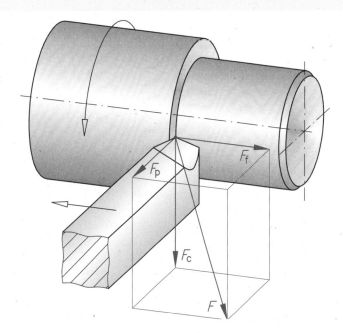

Kurz-zeichen	Bezeichnung	Wirkung auf Werkzeug	Wirkung auf Werkstück
	Schnittkraft		
	Vorschubkraft		
	Passivkraft		

② Welche Abhängigkeiten gelten für diese Kräfte?

a) Die **Schnittkraft** ist abhängig von _____

_____

b) Die **Vorschubkraft** ist abhängig von _____

_____

c) Die **Passivkraft** ist abhängig von _____

_____

_____

* Die Funktionszusammenhänge werden am Beispiel Drehen dargestellt.

③ Welche Folgerung für die Größe der Zerspankraft F lässt sich aus der Zeichnung ableiten?

Die **Zerspankraft** F ist umso größer, je _____

_____

B Zeitspanungsvolumen (Zerspanleistung)

① Was versteht man unter dem Zeitspanungsvolumen?

_____

_____

_____

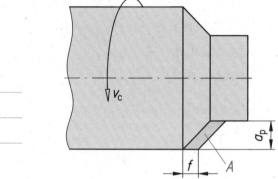

a_p Schnitttiefe
f Vorschub
A Spanungsquerschnitt
$A = a_p \cdot f$

② Mit welcher Formel kann das Zeitspanungsvolumen errechnet werden?

Zeitspanungsvolumen (Q) = _____ (__) · _____ (__)

③ Wie kann das Zeitspanungsvolumen (Zerspanleistung) also erhöht werden?

a) _____

b) _____

C Schnittgeschwindigkeit und Drehzahl

① Welche Faktoren beeinflussen die Wahl der Schnittgeschwindigkeit?

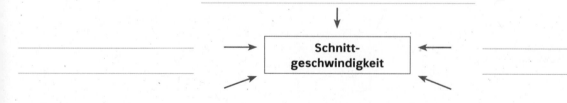

Name:	Klasse:	Datum:

② Mögliche und günstige Schnittgeschwindigkeiten lassen sich Tabellenbüchern entnehmen. An Werkzeugmaschinen wird jedoch meist nicht die Schnittgeschwindigkeit, sondern die Drehzahl (Umdrehungsfrequenz) eingestellt. Entsprechend der Formel $v = d \cdot \pi \cdot n$ muss dabei auch der Werkstückdurchmesser berücksichtigt werden. Drehzahldiagramme erleichtern die Bestimmung der richtigen Drehzahl.

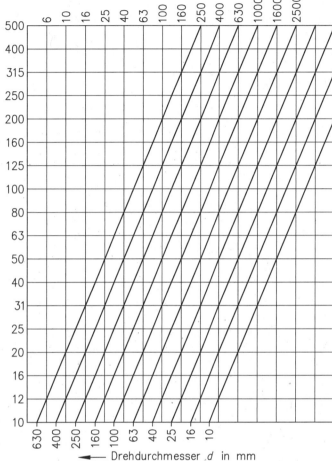

Ermitteln Sie für die in der Tabelle angegebenen Schnittgeschwindigkeiten und Durchmesser die entsprechenden Drehzahlen. (Ziehen Sie dazu evtl. Geraden im Diagramm.) Wenn der Schnittpunkt von Durchmesser- und Schnittgeschwindigkeitslinie nicht auf einer Drehzahllinie liegt, wählen Sie die nächstniedrigere Drehzahl.

v	d	n
50 m/min	40 mm	$\dfrac{1}{\text{min}}$
80 m/min	100 mm	$\dfrac{1}{\text{min}}$
315 m/min	63 mm	$\dfrac{1}{\text{min}}$

D Überlastung der Maschine

Mit welchen technischen Vorkehrungen kann eine Überlastung der Werkzeugmaschine durch zu hohen Schnittdruck vermieden werden?

_____

_____

_____

_____

E Spanbildung

Um einen störungsfreien Fertigungsablauf bei Dreharbeiten zu erreichen, sind bestimmte Spanformen notwendig.

① Kreuzen Sie die Spanformen an, die für den Fertigungsablauf vorteilhaft sind.

Bandspan

Wendelspan
lang

Wirrspan

Wendelspan
kurz

Spiralspan

Spiralspan-
stücke

② Wodurch wird die Spanbildung beim Drehen beeinflusst?

a) Werkstück: _____

_____

b) Werkzeug: _____

_____

c) Maschineneinstellung: _____

_____

Spanbildung

F Standzeit

① Was versteht man unter der Standzeit einer Werkzeugschneide?

_____

Wann ist die Standzeit einer Werkzeugschneide überschritten?

_____

_____

② Welche Faktoren beeinflussen hauptsächlich die Standzeit?

a) _____

b) _____

c) _____

d) _____

e) _____

Standzeit

| Name: | Klasse: | Datum: |

G Aufbauschneide

① Wie entsteht eine Aufbauschneide?

Eine Aufbauschneide entsteht, wenn

_____

_____

_____

Aufbauschneide

Beispiel: Drehmeißel

② Welche Ursachen kann eine Aufbauschneide haben?

a) _____

b) _____

c) _____

③ Welche Nachteile hat eine Aufbauschneide?

_____

_____

_____

H Oberflächengüte

Die Oberfläche eines abgedrehten Teils ist rau und unsauber.
Welche Ursachen können dafür vorliegen?

a) _____

b) _____

c) _____

d) _____   raue, unsaubere Oberfläche

e) _____

f) _____

g) _____

I Fertigungszeit und Fertigungskosten

① Wodurch könnte beim Drehen eines Werkstücks die Fertigungszeit grundsätzlich gesenkt werden?

a) _____

b) _____

c) _____   Senkung der Fertigungszeit

d) _____

e) _____

f) _____

② Warum sind diese Maßnahmen nicht immer durchführbar?

_____

_____

A Aufstellen eines Fertigungsplans

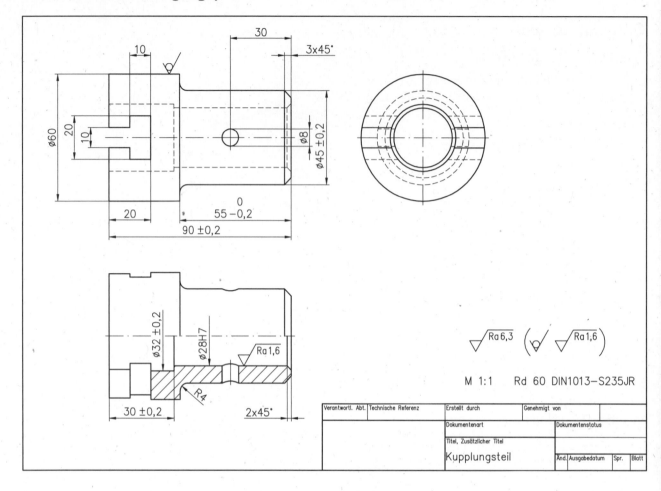

① Stellen Sie einen Fertigungsplan für das gezeichnete Werkstück auf (Einsatz konventioneller Werkzeugmaschinen). Bedienen Sie sich dabei der folgenden Einteilung. Schätzen Sie die Rüst- und Einsatzzeiten.

Arbeits-gang Nr.	Beschreibung des Arbeitsgangs	Werkzeuge bzw. Werk-zeugvorrichtungen	Rüst-zeit t_r	Einsatz-zeit t_e

Name: Klasse: Datum:

Arbeits- gang Nr.	Beschreibung des Arbeitsgangs	Werkzeuge bzw. Werk- zeugvorrichtungen	Rüst- zeit t_r	Einsatz- zeit t_e

② Überprüfen Sie Ihren Fertigungsplan, indem Sie das Werkstück in Betrieb oder Schule herstellen.

Problemstellung:
Die Lagerzapfen dieser Zahnradwelle laufen in Gleitlagern, die in Bohrungen des Maschinengehäuses stecken. Lagerzapfen sollen möglichst verschleißfest (abriebfest) sein. Wie könnte dies erreicht werden?

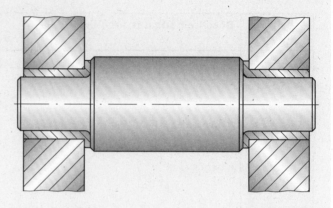

2.1.1 Grundsätzliches zu Gefüge und Gefügeumwandlung

A Zweck der Wärmebehandlung

Welchen Zweck hat die Wärmebehandlung von Stählen?

Wärmebehandlung ⟹ _____ ⟹ **bestimmte Eigenschaften, z. B. gesteigerte Härte, höhere Festigkeit**

B Gefügezustände des Stahls

Eisen-Kohlenstoff-Schaubild (unlegierter Stahl)

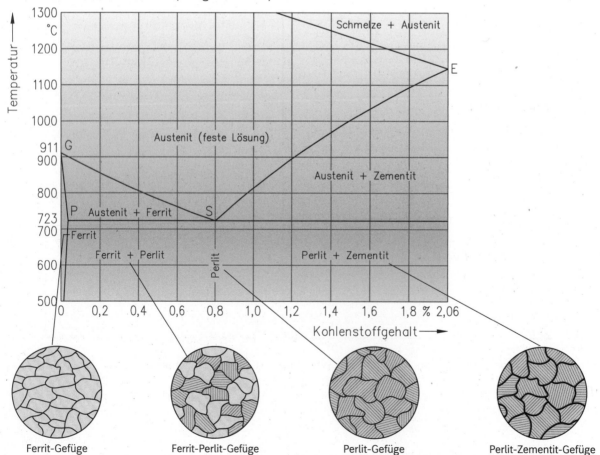

Ferrit-Gefüge   Ferrit-Perlit-Gefüge   Perlit-Gefüge   Perlit-Zementit-Gefüge

| Name: | Klasse: | Datum: |

① Welcher Bestandteil in unlegiertem Stahl ist entscheidend für den Gefügezustand des Stahls?

② Wie bezeichnet man Stähle mit folgendem Kohlenstoffgehalt?

Stahl mit 0,8 % C ≙ _____ Stahl

Stahl mit weniger als 0,8 % C ≙ _____ Stahl

Stahl mit mehr als 0,8 % C ≙ _____ Stahl

③ Erläutern Sie die folgenden Gefügezustände von Stahl.

Ferrit	
Zementit	
Perlit	
Austenit	
Martensit	

C Gefügeumwandlung beim Erwärmen und Abkühlen

① Bei welcher Temperatur geht unlegierter Stahl mit 0,8 % C-Gehalt schlagartig in Austenit über?

Umwandlungspunkt

_____ °C

Wie verhalten sich unlegierte Stähle mit mehr oder weniger als 0,8 % C-Gehalt hinsichtlich der Umwandlung des Gefüges in Austenit?

② Welche Gefügezustände durchläuft ein unlegierter Stahl mit 0,8 % C-Gehalt bei der folgenden Wärmebehandlung?

vor der Erwärmung	nach Erwärmung auf 723 °C	nach **langsamem** Abkühlen

vor der Erwärmung	nach Erwärmung auf 723 °C	nach **raschem** Abkühlen

D Arten der Wärmebehandlung

Welche drei grundsätzlichen Arten der Wärmebehandlung unterscheidet man?

Wärmebehandlungs-arten

_____	_____	_____

Vorgang: | **Vorgang:** | **Vorgang:**

_____ | _____ | _____

_____ | _____ | _____

_____ | _____ | _____

2.1.2 Glühen

A Glühvorgang (grundsätzlicher Ablauf)

In welchen drei Schritten vollzieht sich das Glühen?

1. _____ ➡ 2. _____ ➡ 3. _____

B Glühverfahren

① Wie heißen die Glühverfahren, die angewendet werden, wenn die folgenden Forderungen erfüllt werden sollen?

	Glühverfahren
Spannungen (entstanden durch Gießen, Schweißen, Schmieden, Zerspanen) sollen verringert werden.	
Gehärteter oder kaltverfestigter Stahl soll für die spanende Bearbeitung weicher gemacht werden.	
Ein grobkörniges oder ungleichmäßiges Gefüge soll verfeinert bzw. gleichmäßig gemacht werden.	
Ein durch Kaltverformung verzerrtes („platt gedrücktes") Gefüge soll in seinen ursprünglichen Zustand zurückgebracht werden.	

② In welchen Temperaturbereichen werden die Stähle bei den einzelnen Glühverfahren geglüht? Wie lange werden die Stähle auf Temperatur gehalten?

	Temperaturbereich	Glühdauer
Spannungsarmglühen	_____ ... _____ °C	
Weichglühen	_____ ... _____ °C	
Normalglühen	_____ ... _____ °C	
Rekristallisationsglühen	_____ ... _____ °C	

Wovon hängt die **genaue** Glühtemperatur und Glühdauer eines Stahls ab?

a) _____

b) _____ bestimmen ⟩ **genaue Glühtemperatur genaue Glühdauer**

2.1.3 Abschreckhärten

A Arbeitsablauf

① In welche drei Schritte lässt sich der Arbeitsablauf beim Abschreckhärten normalerweise einteilen?
Schraffieren Sie den Kasten des Schritts, bei dem der Stahl hart wird.

1. Schritt		2. Schritt		3. Schritt
	→		→	

② Wie hoch muss der C-Gehalt eines Stahls mindestens sein, damit bei der Gefügeumwandlung eine ausreichende Härte entsteht?

C-Gehalt mindestens _____ %

B Erwärmen

① Auf welche Temperaturen werden die folgenden Stähle beim Härten erwärmt?

unlegierte Stähle	_____ ... _____ °C
legierte Stähle (< 5 %) ("niedriglegierte Stähle")	_____ ... _____ °C
legierte Stähle (> 5 %) ("hochlegierte Stähle")	_____ ... _____ °C

② Wovon hängt die genaue Härtetemperatur eines Stahls ab?

a) _____

b) _____   bestimmen →   **genaue** Härtetemperatur

C Abschrecken

① Mit welchen Abschreckmitteln werden die folgenden Stähle gewöhnlich abgeschreckt?
Wie bezeichnet man deshalb diese Stähle?

	Abschreckmittel	Bezeichnung des Stahls
unlegierte Stähle		
legierte Stähle (< 5 %) ("niedriglegierte Stähle")		
legierte Stähle (> 5 %) ("hochlegierte Stähle")		

② Welche negative Nebenwirkung bringt das Abschrecken für das Werkstück immer mit sich?

_____

_____

③ Erläutern Sie, warum zum Abschrecken unterschiedliche Abschreckmittel verwendet werden.

_____

_____

_____

_____

_____

④ Wie hoch soll die Wassertemperatur beim Abschrecken normalerweise sein?

Wassertemperatur _____ °C

⑤ Wodurch kann die Abschreckwirkung von Wasser verstärkt oder gemildert werden?

Verschärfung der Abschreckwirkung von Wasser	**Milderung der Abschreckwirkung von Wasser**
a) _____	a) _____
b) _____	b) _____

D Besondere Abschreckverfahren

① In welchen Schritten vollzieht sich der Abschreckvorgang beim sog. gebrochenen Härten und beim sog. Stufenhärten?

Gebrochenes Härten	**Stufenhärten (Warmbadhärten)**
1. Schritt	1. Schritt
⬇	⬇
2. Schritt	2. Schritt
Anwendung bei	**Anwendung bei**

② Welchen gemeinsamen Zweck haben diese besonderen Abschreckverfahren?

_____

E Härtetiefe

Wie tief härten die folgenden Stähle?

unlegierte Stähle	
legierte Stähle	

F Anlassen

① Welchen Zweck hat das Anlassen bei **unlegierten** und **niedriglegierten** Stählen?

**Zweck des
Anlassens**

② Wie geht das Anlassen vor sich?

2.1.4 Härten der Randzone

A Zweck

① Welche Eigenschaften sollen dem Werkstück durch das Härten der Randzone („Oberflächenhärten") verliehen werden?

Beispiel:
Zahnrad

② Nennen Sie Werkstücke, bei denen diese Eigenschaften verlangt werden.

B Einsatzhärten

① Wie geht das Einsatzhärten vor sich? Führen Sie die Stichworte aus.

1 Art der verwendeten Stähle:

2 Kohlenstoffanreicherung:

3 Abschrecken: _____

_____

4 Anlassen: _____

_____

② Welche Arten des Einsatzhärtens unterscheidet man?

Einsatzhärten

_____	_____	_____

Einsatzmittel: Einsatzmittel: Einsatzmittel:

③ Bei welchen Temperaturen erfolgt die Aufkohlung und welche Aufkohlungstiefen (= Härtetiefen) kann man erreichen?

Aufkohltemperatur   **Härtetiefe**

_____ ... _____ °C   bis _____ mm

④ Nennen Sie vier Beispiele für Stähle, die zum Einsatzhärten verwendet werden. (Tabellenbuch!) Welchen C-Gehalt haben Einsatzstähle?

_____

_____

_____   Einsatzstähle ⟩ _____ ... _____ % C

_____

C Flammhärten

Wie geht das Flammhärten vor sich?

Wasserbrause

Brenner

Werkstück

_____

_____

_____

_____

_____

D Induktionshärten

Wie geht das Induktionshärten vor sich?

Magnetfeld

Stromleiter
(Wechselstrom)   Werkstück

E Nitrieren

① Wodurch unterscheidet sich das Nitrieren grundsätzlich vom Einsatzhärten?

Nitrieren	Einsatzhärten
a) Der Randzone wird	a) Der Randzone wird
zugeführt.	zugeführt.
b) Das Werkstück wird	b) Das Werkstück wird

② Wodurch erhalten nitrierte Stähle ihre Härte?

③ Notieren Sie aus Ihrem Tabellenbuch einige sog. Nitrierstähle.
Welche Legierungsbestandteile weisen Nitrierstähle auf?

Legierungsbestandteile:

④ Welche Vorteile hat das Nitrieren gegenüber den anderen Verfahren der Randzonenhärtung?

Nitrieren

⑤ Welche Werkstücke werden vorzugsweise nitriert?

2.1.5 Vergüten

A Zweck

① Welchen Zweck hat das Vergüten?

Vergüten   steigert   a) _____

                    b) _____

② Welche Zugfestigkeitswerte bei Stählen erreicht man durch Vergüten?

Zugfestigkeit bis _____ N/mm^2

③ Nennen Sie einige Werkstücke, die vergütet werden.

_____

_____

B Vorgang des Vergütens

① Wie geht das Vergüten vor sich?

Das Vergüten entspricht in seinem Ablauf grundsätzlich dem **Härten** mit seinen drei Schritten:

1. _____ ,   2. _____ ,   3. _____ .

Worin besteht der Unterschied zwischen Härten und Vergüten?

a) **Anlassen:** _____

_____

b) **Abschrecken:** _____

_____

② Wie hoch sind die Anlasstemperaturen beim Vergüten?

Anlasstemperatur

_____ ... _____ °C

C Vergütungsstähle

Nennen Sie vier Beispiele für Stähle, die zum Vergüten verwendet werden. (Tabellenbuch!)
Welchen C-Gehalt haben Vergütungsstähle?

_____

_____

_____

Vergütungsstähle   _____ ... _____ % C

_____

| Name: | Klasse: | Datum: |

A Belastungen und Anforderungen

① Welchen Belastungen ist die Werkzeugschneide beim Zerspanungsvorgang ausgesetzt?

a) _____

b) _____

c) _____

② Welche Eigenschaften muss eine Werkzeugschneide haben, um diesen Belastungen standhalten zu können?

Anforderungen an Werkzeugschneide

B Arten der Schneidstoffe

Welche Schneidstoffe werden im Metallbereich heute verwendet?

Schneidstoffe	Zusammensetzung	besondere Eigenschaften	Verwendung (zerspante Werkstoffe)

C Bezeichnungen harter Schneidstoffe

① Was bedeuten die folgenden Kennbuchstaben und Kennfarben bei harten Schneidstoffen?

P (Kennfarbe _____) ≙ _____

M (Kennfarbe _____) ≙ _____

K (Kennfarbe _____) ≙ _____

N (Kennfarbe _____) ≙ _____

S (Kennfarbe _____) ≙ _____

H (Kennfarbe _____) ≙ _____

② Ordnen Sie die Hartmetalle M 20, M 40 und M 10 nach den folgenden Angaben.

zunehmende Verschleiß-
festigkeit bzw. Sprödigkeit
_____
_____
_____
zunehmende
Zähigkeit

Welche Regeln können Sie der Ziffernfolge entnehmen?

Je niedriger die Zahlen, umso _____ die Verschleißfestigkeit und Sprödigkeit.

Je niedriger die Zahlen, umso _____ die Schnittgeschwindigkeit.

Je höher die Zahlen, umso _____ der Vorschub.

D Beschichtete Schneidwerkzeuge

① Aus welchen Schichten besteht die skizzierte Wendeschneidplatte?

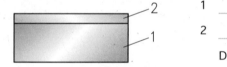

1 _____

2 _____

Dicke: _____

② Welchen Zweck hat die Beschichtung?

Zweck
_____
_____
_____

③ Welche Werkstoffe werden zur Beschichtung verwendet?

_____
_____
_____

④ Welche Werkzeuge werden vorwiegend beschichtet?

_____
_____

Problemstellung:

Maschinen und Bauteile, die hauptsächlich im Freien verwendet werden, sind der Witterung ausgesetzt und werden oft von Korrosion angegriffen.

Welche negativen Folgen können beim abgebildeten Container durch Korrosion entstehen?

_____

Wodurch kann beim abgebildeten Bauteil die Gefahr der Korrosion eingeschränkt werden?

_____

2.3.1 Korrosion

A Begriff und Arten der Korrosion

① Was versteht man unter Korrosion?

Unter Korrosion versteht man _____

_____

② Nennen Sie einige Beispiele, wo Korrosion auftritt.

_____

_____

③ Welche Arten der Korrosion unterscheidet man von der Korrosionsursache her?

Korrosion

_____	_____

B Chemische Korrosion

① Von welchen Stoffen können Metalle angegriffen werden, wenn sie mit ihnen in Berührung kommen?

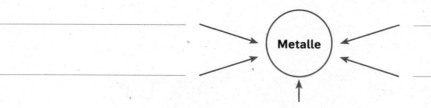

② Wie nennt man den chemischen Vorgang, der am häufigsten als chemische Korrosion auftritt?

≙ Verbindung mit Sauerstoff

③ Welche Oberflächenschichten können beim Oxidieren von Metallen entstehen?

Je nach Art des Metalls bildet sich

entweder eine _____ und _____ Oxidschicht

oder eine _____ und _____ Oxidschicht.

④ Welche Oberflächenschichten bilden sich, wenn die folgenden Metalle oxidieren?

Oxidschicht bei

Aluminium: _____

Kupfer: _____

Zink: _____

Gusseisen: _____

unleg. Stahl: _____

Welchen Einfluss haben die unterschiedlichen Oxidschichten auf das Fortschreiten der Korrosion?

Eine **dichte** und **haltbare** Oxidschicht

_____

_____

Eine **lockere** und **poröse** Oxidschicht

_____

_____

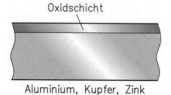

Oxidschicht

Aluminium, Kupfer, Zink

Oxidschicht

Gusseisen, unlegierter Stahl

C Elektrochemische Korrosion

① a) Geben Sie bei dem skizzierten „galvanischen Element" mit Pfeilen die Richtung des Elektronenflusses ($\triangleq$ physikalische Stromrichtung) an.

b) Kennzeichnen Sie mit X die Metallplatte, die zerstört (zerfressen) wird.

② Zwischen unterschiedlichen Werkstoffen besteht ein elektrisches Spannungsgefälle. Wenn man mehrere Werkstoffe mit dem gleichen „Bezugswerkstoff" (Wasserstoff) vergleicht, lässt sich eine sog. Spannungsreihe aufstellen. Die Spannungsreihe der Metalle sieht so aus:

Metall	V
Gold	+ 1,50
Silber	+ 0,80
Kupfer	+ 0,35
Wasserstoff	**0**
Blei	– 0,12
Zinn	– 0,14
Nickel	– 0,23
Kadmium	– 0,40
Eisen	– 0,44
Chrom	– 0,56
Zink	– 0,76
Aluminium	– 1,68
Magnesium	– 2,34

Von zwei Metallen wird

das Metall als das _____ bezeichnet, das in der

Spannungsreihe **über** dem anderen liegt,

das Metall als das _____ bezeichnet, das in der

Spannungsreihe **unter** dem anderen liegt.

Welche Regel gilt für die Zerstörung, wenn durch das Vorhandensein eines Elektrolyts zwei verschiedene Metalle ein galvanisches Element bilden?

_____

③ Welche Elektrolyte können in der Praxis zu einer elektrochemischen Korrosion führen?

_____

④ Nennen Sie einige Beispiele, wo in der Praxis elektrochemische Korrosion vorkommen kann.

_____

_____

⑤ Wie heißen die beiden wichtigsten Arten der elektrochemischen Korrosion?

Zwischen wem findet der Vorgang statt?   Zwischen wem findet der Vorgang statt?

2.3.2 Korrosionsschutz

A Möglichkeiten des Korrosionsschutzes

Welche zwei **grundsätzlichen** Möglichkeiten, Korrosion von Metallen zu verhindern, gibt es?

Verhinderung von
Korrosion durch
_____

_____

B Nichtmetallische Überzüge auf Stahl

① Mit welchen nichtmetallischen Überzügen versucht man, die Korrosion von Stahl und Gusseisen zu verhindern?

a) _____

b) _____

c) _____

d) _____

e) _____

② Wie müssen Werkstücke vorbehandelt werden, damit eine haltbare Schutzschicht gewährleistet ist?

_____

_____

C Metallische Überzüge auf Stahl

① Welche Metalle werden als korrosionsschützende Überzugsmetalle bei Stahl verwendet?

D Korrosionsvorbeugung bei Konstruktion und Bau

Korrosion kann auch dadurch vermieden oder verringert werden, dass schon bei der Konstruktion von Maschinen und Maschinenteilen korrosionsgefährdete Stellen vermieden werden. Nennen Sie einige solcher konstruktiven Vorsichtsmaßnahmen.

_____

_____

_____

_____

Problemstellung:

Ottomotoren haben zur Ventilsteuerung Nockenwellen. Die Nocken darauf müssen äußerst verschleißfest, d.h. hart sein. Wenn sie sich abnutzen, arbeiten die Ventile nicht mehr exakt und die Motorleistung lässt immer mehr nach.

Nockenwellenrohr   Nockenwellenring

Beim Hydro-Forming-Verfahren bringt ein Industrieroboter vorher durchgehärtete Nockenringe auf ein Nockenwellenrohr auf, das dann unter einem Druck von 5500/500 bar aufgeweitet wird, sodass die Nockenringe festsitzen.

Beim Härten der Nockenringe kann es vorkommen, dass die verlangte Härte nicht ganz erreicht wird. Im Interesse einer stetigen Qualität der Produkte muss der Autohersteller solche Mängel jedoch ausschließen. Wie kann er dies erreichen?

_____

_____

A Ziele und Einteilung der Werkstoffprüfverfahren

① Welche Rückschlüsse auf Werkstoffe können mithilfe von Werkstoffprüfungen gemacht werden? Nennen Sie beispielhaft einige Möglichkeiten.

_____

_____

② Welche drei großen Gruppen kann man bei den Verfahren der Werkstoffprüfung unterscheiden? Nennen Sie für jede Gruppe ein oder zwei Beispiele. Wodurch ist die jeweilige Gruppe charakterisiert?

Werkstoffprüfungen

Beispiel:	Beispiel:	Beispiel:

Besonderheit: Besonderheit: Besonderheit:

B Härteprüfungen

① Was versteht man unter Härte im technologischen Sinn?

_____

_____

② Bei den verschiedenen Härteprüfverfahren werden unterschiedliche Prüfkörper verwendet.
   a) Welche Form haben die jeweiligen Prüfkörper?
   b) Aus welchem Werkstoff bestehen die jeweiligen Prüfkörper?
   c) Wie bezeichnet man das jeweilige Prüfverfahren?

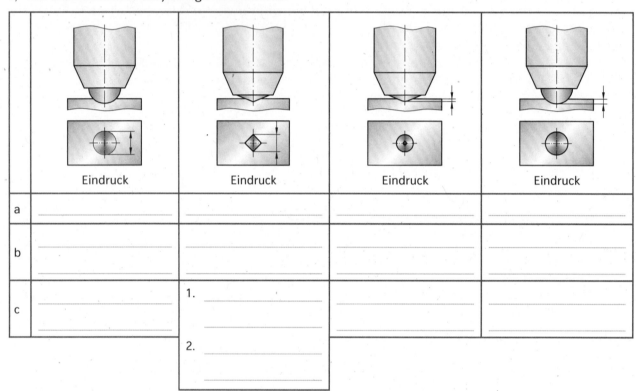

	Eindruck	Eindruck	Eindruck	Eindruck
a				
b				
c		1. _____ 2. _____		

③ Was wird bei dem einzelnen Prüfverfahren am Eindruck des Werkstücks gemessen? Welche Werkstoffe werden mit den einzelnen Verfahren geprüft?

Verfahren	Messung am Eindruck	Art des geprüften Werkstoffs
Brinell		
Vickers		
Rockwell A (HRA) Rockwell C (HRC)		
Rockwell B (HRB) Rockwell F (HRF)		
Martenshärte		

④ Die von der Härteprüfmaschine ermittelten Eindrücke werden in Tabellen „übersetzt". Was bedeuten die folgenden Kurzzeichen in der Härtenormung? (Tabellenbuch benutzen!)

114 HBS 5/250/30	
380 HBW 10/3000	
650 HV 5	
210 HV 50/30	
64 HRC	
52 HRB	
HM 0,5/20/20 = 5700 N/mm²	Der Zahlenwert für die Martenshärte errechnet sich nach der Formel $HM = \dfrac{F}{26,43 \cdot h^2} \cdot$ (h entspricht der Eindringtiefe.)

C Zugversuch

① Beim Zugversuch DIN EN ISO 6892-1 wird eine Probe gleichmäßig und stoßfrei bis zum Bruch gezogen. Die aufgewendete Kraft und die Dehnung werden gemessen und als Spannungs-Dehnungs-Diagramm aufgezeichnet.

a) Tragen Sie die Formelzeichen in die Zeichnungen der abgebildeten Rund- und Flachprobe ein.

b) Bestimmen Sie die Maße für einen kurzen Proportionalstab Rundprobe Ø 8 mm und Flachprobe 20 mm x 2 mm.

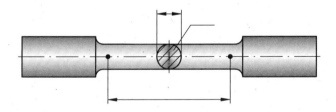 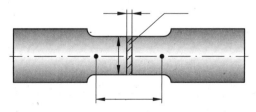

Proportionalstab	Rundprobe	Flachprobe	
kurz $L_0 = 5 \cdot d_0$	$d_0 =$	$L_0 = 5,65 \cdot \sqrt{S_0}$	$a_0 =$
lang $L_0 = 10 \cdot d_0$	$S_0 =$	$L_0 = 11,3 \cdot \sqrt{S_0}$	$b_0 =$
	$L_0 =$		$S_0 =$
			$L_0 =$

② Welche Eigenschaften eines Werkstoffs soll der Zugversuch in erster Linie ermitteln?

③ Wenn Stahl auf Zug beansprucht wird, dehnt er sich. Größe und Art der Dehnung hängen zusammen mit der Spannung (≙ Belastung in N/mm²), unter der der Stahl steht. Bei weichem Stahl ergibt die zeichnerische Darstellung des Verhältnisses von Spannung und Dehnung eine charakteristische Kurve?

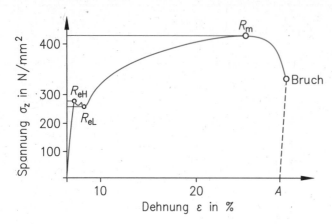
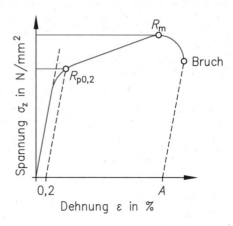

④ Wie bezeichnet man die Punkte R_{eH}, R_{eL}, R_m, A und $R_{p0,2}$? Welches Verhalten zeigt der Stahl an diesen Punkten?

	Bezeichnung	Beschreibung des Verhalten des Stahls
R_{eH}		
R_{eL}		
R_m		
A		
$R_{p0,2}$		

⑤ Die Abbildung zeigt Spannungs-Dehnungs-Diagramme verschiedener Werkstoffe.
  a) Überlegen Sie, welche Kurve zu welchem der unten aufgeführten Werkstoffe gehört, und tragen Sie die Nummern in die Kreise ein.
  b) Welcher Werkstoffgruppe gehören die Werkstoffe aufgrund der gegebenen Kurzzeichen an?

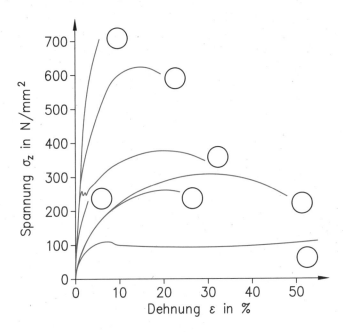

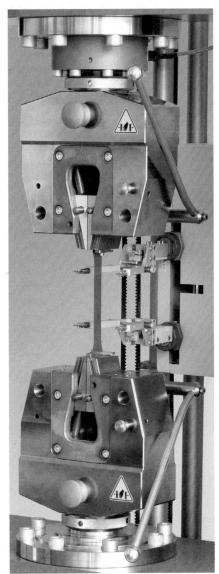

Universal-Prüfmaschine

Nr.	Kurzzeichen	Werkstoffgruppe
1	S235JR	
2	C45	
3	90MnCrV8	
4	CuSn3	
5	EN-GJL-200	
6	AlMg5	
7	Polystyrol	

⑥ Was bedeuten beim Zugversuch die Formelzeichen L_0, L_u und ΔL?

Probestab vor dem Versuch

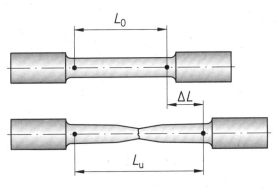

$L_0 =$ _____

$L_u =$ _____

$\Delta L =$ _____

Probestab nach dem Versuch

D Kerbschlagbiegeversuch

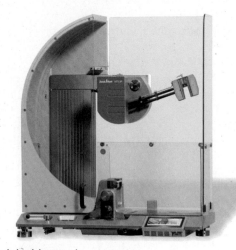

Pendelschlagwerk

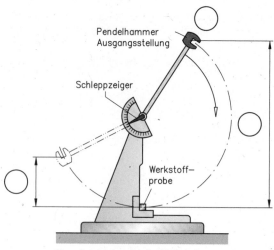

Pendelschlagwerk (Skizze)

① Beschreiben Sie den Kerbschlagbiegeversuch mit dem Pendelschlagwerk.

_____

_____

_____

_____

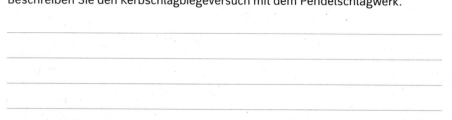

Werkstoffprobe mit U-Kerbe

Schlagrichtung

② Erläutern Sie die Formel der Kerbschlagarbeit und ergänzen Sie in der Skizze des Pendelschlagwerks die Formelzeichen.

$$K = F_G \cdot (h_1 - h_2)$$

K Kerbschlagarbeit in Joule (1 J $\triangleq$ 1 Nm)

F_G _____

h_1 _____

h_2 _____

③ Was kann am Schleppzeiger oder an der elektronischen Anzeige abgelesen werden?

_____

④ Welche Werkstoffeigenschaft wird im Kerbschlagbiegeversuch ermittelt?

_____

⑤ Welche Möglichkeiten gibt es in der Werkstatt, um die Kerbschlagarbeit bzw. Zähigkeit eines Werkstücks aus Stahl zu erhöhen? Wodurch wird sie reduziert?

Erhöhung der Kerbschlagarbeit	Reduzierung der Kerbschlagarbeit

Name:	Klasse:	Datum:

E Zerstörungsfreie Prüfungen

① Was kann mit zerstörungsfreien Prüfungen ermittelt werden?

_____

② **Prüfen mit Röntgenstrahlen und Gammastrahlen**
Welche Materialdicken können Röntgen- und Gammastrahlen durchdringen?

	Röntgenstrahlen	Gammastrahlen
Stahl	_____ mm	_____ mm

Was ist beim Umgang mit Röntgen- und Gammastrahlen besonders zu beachten?

_____

_____

③ **Ultraschallverfahren**

Wie geht das Ultraschallverfahren vor sich?

_____

_____

_____

_____

④ **Magnetpulververfahren**

Wie geht das Magnetpulververfahren vor sich?

_____

_____

_____

⑤ **Eindringverfahren (Kapillarverfahren, Penetrierverfahren)**
Die Verfahrensschritte des Eindringverfahrens sind im Folgenden durcheinandergeraten. Bringen Sie diese in die richtige Reihenfolge von ① ... ⑥.

○ Das Werkstück wird vom roten Farbstoff gereinigt.
○ Das Werkstück wird mit rotem Farbstoff besprüht.
○ Das Werkstück wird mit weißem Farbstoff besprüht.
○ Der rote Farbstoff dringt in eventuell vorhandene Risse ein.
○ Der weiße Farbstoff zieht eventuell vorhandenen roten Farbstoff aus den Rissen.
○ Eventuell vorhandene Risse werden auf der weißen Oberfläche sichtbar.

Welchen Nachteil bei der Erkennung von Werkstofffehlern hat dieses Prüfverfahren?

_____

3.1.1 Riementrieb

A Arten der Drehmomentübertragung

① Wie erfolgt die Übertragung des Drehmoments („Kraftübertragung") bei den abgebildeten Riementrieben?

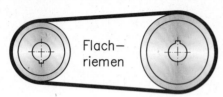

Übertragung des Drehmoments durch

Übertragung des Drehmoments durch

② Welchen Nachteil hat der Flachriementrieb gegenüber dem Zahnriementrieb?

③ Welche wichtige Eigenschaft müssen Riemen aufweisen?

Riemen – [_____] **– eigenschaft**

B Kraftschlüssige Riementriebe

Welche Riemenarten unterscheidet man bei kraftschlüssigen (reibungsschlüssigen) Riementrieben?

	Bezeichnung	Eigenschaften

C Vorteile und Nachteile

Welche Vor- und Nachteile haben Riementriebe?

Vorteile	Nachteile

3 Maschinen- und Gerätetechnik	3.1 Umschlingungsgetriebe
Name:	Klasse: Datum:

3.1.2 Kettentrieb

A Anwendung von Kettentrieben

Nennen Sie einige Beispiele, wo Kettentriebe verwendet werden.

_____

_____

B Aufbau eines Kettentriebs

① Wie bezeichnet man die bezifferten Teile?

1 _____

2 _____

3 _____

4 _____

② Welche Aufgabe hat die Spannvorrichtung (Kettenspanner)?

a) _____

b) _____

C Ketten

① Wie bezeichnet man die abgebildeten Ketten?

_____

_____

② Zu welchem Zweck werden Mehrfach-Rollenketten (zwei- bis vierfach) eingesetzt?

_____

D Vor- und Nachteile

Welche Vor- und Nachteile haben Kettentriebe?

Vorteile	Nachteile

A Zahnradtrieb und Riementrieb

Welche Vor- und Nachteile hat der Zahnradtrieb gegenüber dem Riementrieb?

Vorteile	Nachteile

B Zahnräder und Zahnradtriebe

① Wie werden die abgebildeten Zahnräder bezeichnet?

② a) Mit welchen Zahnrädern lassen sich die folgenden Wellenpaare verbinden? Zeichnen Sie grob die entsprechenden Zahnräder ein. (Welle 1 treibt jeweils Welle 2.)

b) Wie bezeichnet man den jeweiligen Zahnradtrieb?

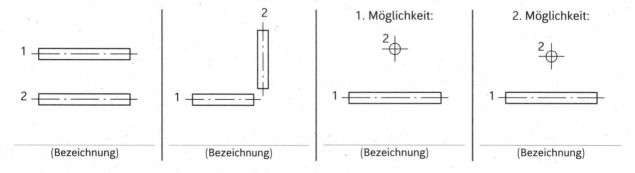

③ a) Wie bezeichnet man die Teile des abgebildeten Zahnradtriebs?
b) Für welchen besonderen Zweck wird dieser Zahnradtrieb verwendet?

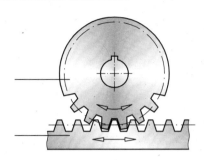

Zweck: _____

_____

C Stirnräder

Wie bezeichnet man die abgebildeten Arten von Stirnrädern?

_____ | _____ | _____

Besonderheiten: | Besonderheiten: | Besonderheiten:

D Kegelradtrieb

Welche Vorteile haben bogenverzahnte Kegelräder?

a) _____

_____

b) _____

_____

E Schraubenradtrieb

Welchen Vor- und Nachteil haben Schraubenradtriebe?

Vorteil: _____

_____

_____

Nachteil: _____

_____

_____

_____

F Schneckentrieb

In welchen Fällen verwendet man Schneckentriebe?

**Schneckentriebe
für**

_____

G Zahnradabmessungen

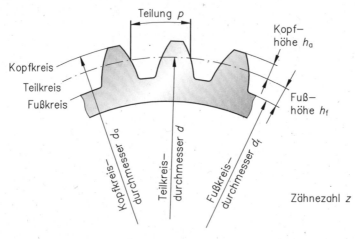

Der Teilkreisdurchmesser ist das Ausgangsmaß zur Berechnung aller übrigen Maße am Zahnrad. Für die Fertigung ist es deshalb wichtig, dass dieses Ausgangsmaß eine möglichst „glatte" Zahl ist.

① Wie kommt man zu einer solchen „glatten" Zahl für das Maß des Teilkreisdurchmessers?

Der Umfang des Teilkreises errechnet sich aus Teilung · Zähnezahl, also $U =$ _____ · _____ . Da die normale Kreis-

formel $U = d \cdot \pi$ lautet, können wir auch schreiben: _____ · _____ = _____ · _____ . Um den Teil-

kreisdurchmesser d zu errechnen, muss der Umfang durch _____ geteilt werden, also $d = \dfrac{U}{\pi}$, oder anders

geschrieben: $d =$ —————— . Das Ergebnis wäre in der Regel ein _____ Dezimalbruch

(z. B. $d = \dfrac{10 \, \text{mm} \cdot 18}{\pi} = 57{,}29578... \, \text{mm}$).

Solche Maße müssten bei der Fertigung aufgerundet oder abgerundet werden, was bei Zahnradtrieben zu

_____ im Eingriff der Räder führen würde. Um dies zu vermeiden, wählt man für die

Teilung p ein Maß, welches das Produkt aus π mal einer „glatten" Zahl ist, also $p = \pi \cdot 1$ (2, 3 …). Diese „glatte"

Zahl nennt man den _____ ; er hat die Einheit mm.

Für die Berechnung des Teilkreisdurchmessers gilt demnach:

Teilkreisdurchmesser $d = \dfrac{p \cdot z}{\pi} = \dfrac{\pi \cdot \text{Modul} \cdot \text{Zähnezahl}}{\pi} = \dfrac{\pi \cdot m \cdot z}{\pi}$;

daraus ergibt sich durch Kürzen von π:

$$d = \underline{\qquad\qquad\qquad}$$

Auch das Maß für den Kopfkreisdurchmesser d_a ist dann eine „glatte" Zahl, da die Zahnkopfhöhe h_a immer so groß wie der Modul m ist (z. B. $m = 4$ mm, $h_a = 4$ mm). Demnach gilt für den

Kopfkreisdurchmesser $d_a = d +$ _____ .

② Welchen Einfluss hat der Modul auf die Zahngröße?

Je **größer** der **Modul**, umso _____

H Zahnformen

① Welche Zahnformen unterscheidet man nach dem Kurvenverlauf der Zahnflanken?

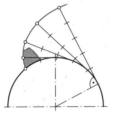 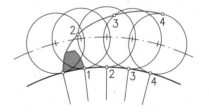

_____ | _____

② In welchen technischen Bereichen wird diese Zahnform vorwiegend verwendet?

_____

_____

② In welchen technischen Bereichen wird diese Zahnform vorwiegend verwendet?

_____

_____

③ Welchen Vorteil haben Zahnräder mit solchen Flankenkurven?

_____

_____

A Zweck

① Welche Aufgaben haben Getriebe in Werkzeugmaschinen?

Getriebe ermöglichen

② In welche zwei großen Gruppen teilt man die Getriebe hinsichtlich der Drehzahlregelung ein?

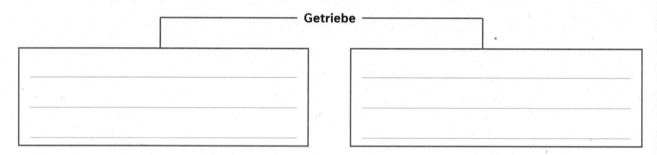

B Bauformen

a) Wie bezeichnet man die abgebildeten Getriebe?

b) Zeichnen Sie bei den Zahnradgetrieben den gerade dargestellten Kraftverlauf farbig ein.

c) Notieren Sie bei den jeweiligen Getrieben, wie viele Übersetzungsstufen vorhanden sind bzw. ob es sich um ein stufenloses Getriebe handelt.

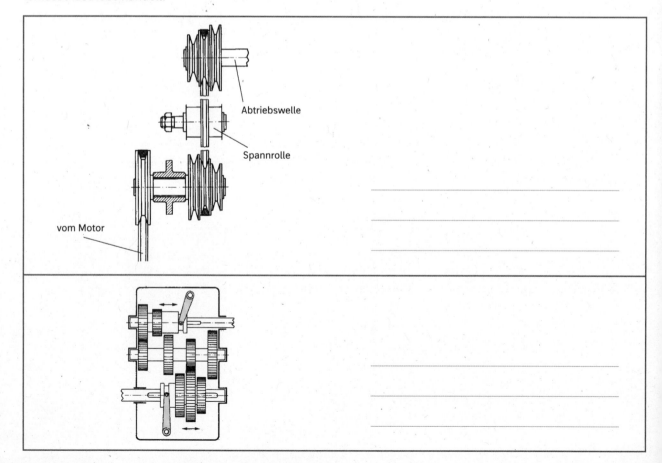

| Name: | Klasse: | Datum: |

Problemstellung:

Von zwei Wellen, die miteinander fluchten, soll die eine ihre Drehbewegung auf die andere übertragen. Welche Möglichkeiten, die beiden Wellen miteinander zu verbinden (= miteinander zu „kuppeln"), kennen Sie aus Ihrer Erfahrung oder können Sie sich vorstellen?

_____

_____

_____

A Aufgabe

Wozu dienen Kupplungen hauptsächlich?

Hauptaufgabe: _____

_____

B Einteilung der Kupplungen

Welche zwei großen Gruppen lassen sich bei Kupplungen unterscheiden?

_____ Kupplungen	_____ Kupplungen

Untergruppen:

a) _____

b) _____

Untergruppen:

a) _____

b) _____

C Starre Kupplungen

① Wie bezeichnet man die abgebildeten Kupplungen?

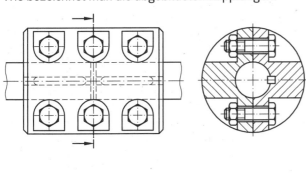

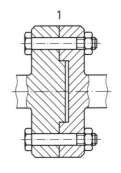

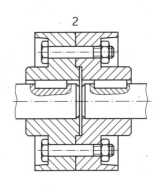

1 _____

2 _____

② Welche Voraussetzungen müssen bei solchen Kupplungen die zu verbindenden Wellen aufweisen?

_____

_____

D Bewegliche Kupplungen

① In welchen Fällen werden sog. bewegliche Kupplungen eingesetzt?

a) _____

b) _____

c) _____

② Wie bezeichnet man die abgebildeten Kupplungen? Welche Besonderheiten in der Verwendung weisen sie auf?

	Bezeichnung	Besonderheiten

E Klauen- und Zahnkupplungen

① Wie bezeichnet man die abgebildeten Kupplungen genauer?

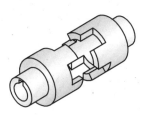
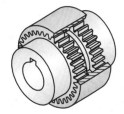

② Welchen Nachteil beim Schalten haben Klauen- und Zahnkupplungen?

_____

_____

F Reibungskupplungen

① Wie bezeichnet man die abgebildeten Kupplungen genauer?

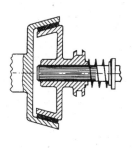
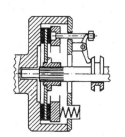
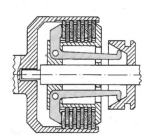

② Welchen Vorteil beim Schalten haben Reibungskupplungen?

_____

_____

G Sicherheitskupplungen

① Welche besondere Aufgabe haben Sicherheitskupplungen?

_____

_____

② Nennen Sie zwei Sicherheitskupplungen.

a) _____

b) _____

3.5.1 Lager

A Zweck

Welche Aufgabe haben Lager?

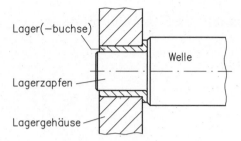

_____

_____

B Lagerarten

① Welche Lager unterscheidet man nach der Art der **Belastung**? Geben Sie mit Pfeilen die Richtung der Belastung an.

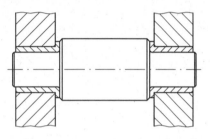

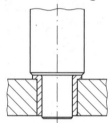

Lager, die Kräfte _____ zur Bohrungsachse

aufnehmen, nennt man

_____

oder _____ .

Lager, die Kräfte _____ zur Bohrungsachse

aufnehmen, nennt man

_____

oder _____

② Welche Lager unterscheidet man nach der Art der **Reibung**?

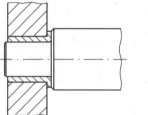

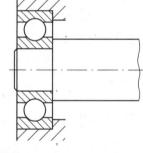

Art der Reibung: _____

_____

Art der Reibung: _____

_____

C Werkstoffe von Gleitlagern

① Welche Eigenschaften werden vom Werkstoff eines Gleitlagers verlangt?

Eigenschaften von Gleitlagern

② Aus welchen Werkstoffen werden Gleitlager (Lagerbuchsen, Lagerschalen) vorwiegend hergestellt? (Tabellenbuch benutzen!)

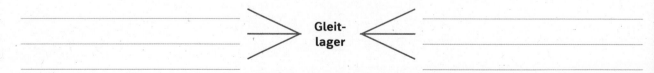

Gleit-
lager

D Schmierung bei Gleitlagern

① Welche Arten von Schmierung unterscheidet man bei Gleitlagern?

Lagerschale
Lagerzapfen
Ölzufuhr
Schmierfilm
(Schmierkeil)

_____ Schmierung

Lagerschale
Lagerzapfen
Öltasche
Drucköl–
zufuhr

_____ Schmierung

② Wie wird der Schmierfilm erzeugt?

Wie wird der Schmierfilm erzeugt?

③ Welchen Nachteil hat diese Schmierung?

Welchen Vorteil hat diese Schmierung?

E Wälzlager

① Aus welchen Teilen besteht ein Wälzlager?

Beispiel:
Rillenkugel-
lager

② Skizzieren und nennen Sie angewendete Wälzkörperformen.

③ Welche zwei Grundarten von Wälzlagern unterscheidet man nach der Wälzkörperform?

Wälzlager

Prinzip:

_____ -berührung

Prinzip:

_____ -berührung

④ Welche Vorteile und Nachteile haben Wälzlager?

Vorteile	Nachteile

F Arten von Wälzlagern

Welche genaueren Bezeichnungen tragen die folgenden Wälzlager? (Die Pfeile geben die möglichen Belastungsrichtungen an.)

G Schmierung bei Wälzlagern

① Mit welchem Schmiermittel werden Wälzlager vorwiegend geschmiert?

Wälzlagerschmierung mit

② Welche Aufgaben erfüllt das Schmierfett bei Wälzlagern?

Aufgaben Schmierfett

③ Welche Faustregel für die Fettmenge gilt beim Schmieren?

3.5.2 Führungen

A Begriff und Zweck

① Kennzeichnen Sie mit Kreisen die Stellen an der Drehmaschine, an denen sich Führungen befinden.

② Welche Aufgaben haben Führungen?

_____

_____

_____

B Arten von Führungen

① Führungen lassen sich einteilen nach ihrer **Form**. Wie bezeichnet man die abgebildeten Führungen?

Nachstell-
leiste

Nachstell-
leiste

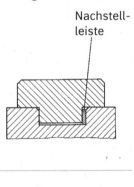
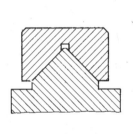
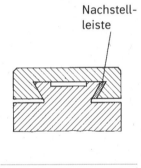

_____ | _____ | _____ | _____

Führungen, die Kräfte nur in bestimmte Richtungen aufnehmen können, bezeichnet man als offene Führungen; Führungen, die Kräfte in alle Richtungen aufnehmen können, als geschlossene Führungen.
Ordnen Sie die abgebildeten Führungen zu.

Offene Führungen	**Geschlossene Führungen**

② Führungen lassen sich einteilen nach Art der **Reibung**.
Wie bezeichnet man die abgebildeten Führungen?

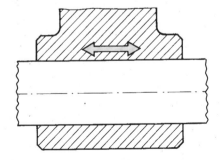

Rückführkanal

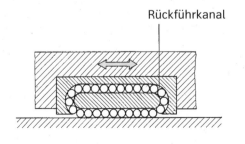

_____ | _____

A Aufgabe

Welche Aufgabe haben Welle-Nabe-Verbindungen?

B Formschlussverbindungen

Wie bezeichnet man die abgebildeten Welle-Nabe-Verbindungen?
Notieren Sie Besonderheiten der einzelnen Verbindungen.

Bezeichnung	Besonderheiten
Passfeder — Welle — Nabe	
Welle — Nabe	
Zahnwelle — Zahnnabe	
Zahnwelle — Zahnnabe	
Polygonwelle — Polygonnabe	

C Kraftschlussverbindungen

① Welcher grundlegende Unterschied besteht zwischen den Wellen von rein kraftschlüssigen Welle-Nabe-Verbindungen und den Wellen formschlüssiger Verbindungen?

_____

_____

② Wie bezeichnet man die abgebildete Welle-Nabe-Verbindung?

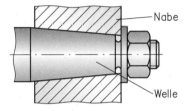

_____

D Form- und kraftschlüssige Verbindungen

① Manche Welle-Nabe-Verbindungen haben Form- und Kraftschluss.
Wie bezeichnet man die abgebildeten Welle-Nabe-Verbindungen?

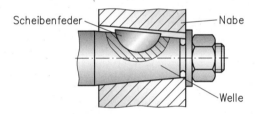

_____

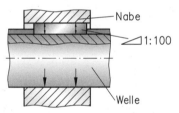

_____

② Wodurch unterscheiden sich Keile und Passfedern?

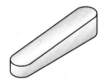   

a) Keile haben eine _____ .   a) Passfedern haben **keine** _____ .

    | Neigung _____ : _____ |

b) Nachteil: Durch die Neigung erzeugen Keile   b) Passfedern erzeugen **keine**

_____ .   _____ .

E Wellensicherungen

Welche Aufgaben haben Wellensicherungen?   Beispiel: Sicherungsring

_____

_____

_____

A Ablaufsteuerung und logische Verknüpfungen

Aufgabenstellung:

Die pneumatische Hubeinrichtung soll wahlweise durch kurze manuelle Betätigung von –SJ1 oder –SJ2 gestartet werden können. Dies sollte aber nur möglich sein, wenn Zylinder –MM1 eingefahren ist.

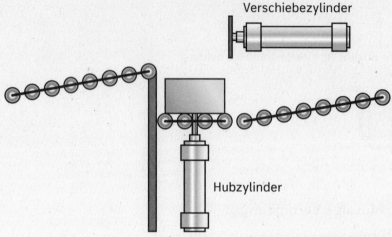

① Ergänzen Sie den Pneumatikplan durch zwei Steuerglieder (–RZ1 und –RZ2), mit denen die Ausfahrgeschwindigkeit der beiden Kolben stufenlos eingestellt werden kann, und vervollständigen Sie die Kennzeichnung der Bauteile.

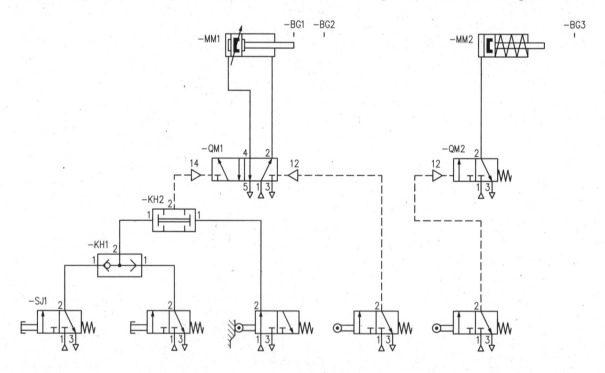

② Wie werden die beiden Bauteile –KH1 und –KH2 fachgerecht bezeichnet und welche logische Funktion haben sie?

_____

_____

③ Geben Sie die vollständige Bezeichnung des Bauteils –QM1 an und erklären Sie die Anschlussbezeichnung „14".

_____

_____

_____

| Name: | Klasse: | Datum: |

④ Beschreiben Sie den Ablauf der Steuerung, nachdem das Stellglied –QM1 durch einen Startimpuls betätigt wurde.

_____

_____

_____

_____

⑤ Ergänzen Sie die Wahrheitstabelle für die Startbedingung und ergänzen Sie den GRAFCET.

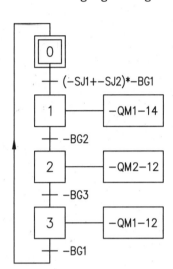

–SJ1	–SJ2	–BG1	–QM1–14
0	0	0	
0	0	1	
0	1	0	
0	1	1	
1	0	0	
1	0	1	
1	1	0	
1	1	1	

Kommentar:

„Einschaltzustand"

„Startbedingung"

⑥ Wegen einer Störung klemmt der Kolben von Zylinder –MM2 in seiner vorderen Endlage und kann deshalb nicht mehr einfahren. Kann der Ablauf trotzdem neu gestartet werden? Begründen Sie Ihre Entscheidung.

_____

_____

_____

_____

B Wartungseinheit

① Aus welchen einzelnen Funktionen besteht die Druckluftaufbereitung?

_____

_____

_____

_____

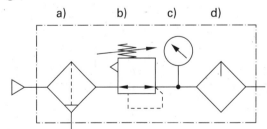

a)   b)   c)   d)

② Zeichnen Sie die vereinfachte Darstellung dieser Wartungseinheit.

C Steuerung einer Bohrvorrichtung

Problemstellung:

Mit der Bohrvorrichtung werden die manuell zugeführten Werkstücke pneumatisch gespannt und gebohrt. Wenn der Spannzylinder eingefahren ist, kann der Ablauf durch Betätigung eines Druckknopfs gestartet werden.

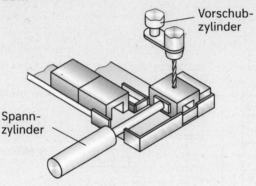

Spannen   *Bohren*

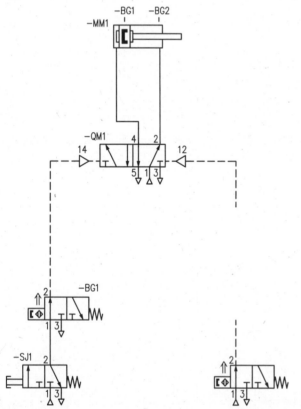
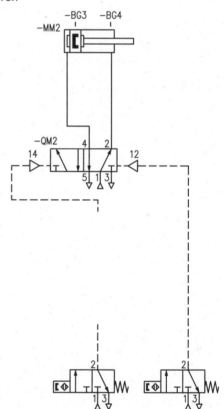

① Im Pneumatikplan wurde auf die Darstellung der Wartungseinheit und des Hauptventils verzichtet.

a) Benennen Sie die einzelnen Schritte der Ablaufsteuerung.
b) Zeichnen Sie in den Schaltplan Bauteile zur Geschwindigkeitssteuerung ein.
c) Ergänzen Sie die Bezeichnungen der Bauteile.
d) Die Steuerung oben funktioniert nicht (!). Erläutern Sie, warum nicht.

a) _____

_____

_____

d) _____

_____

_____

Name:	Klasse:	Datum:

② Was versteht man in der Steuerungstechnik unter „Signalüberschneidung"?

_____

_____

③ Welche Möglichkeiten gibt es, um Signalüberschneidungen zu verhindern?

_____

_____

_____

_____

④ Die Darstellung zeigt das Schaltplansymbol für ein Zeitverzögerungsventil.

a) Beschreiben Sie die Funktionsweise dieses Ventils.

_____

_____

_____

_____

b) Erklären Sie die Bezeichnung „12" für den Anschluss der Steuerleitung.

_____

_____

c) Wie wird dieses Ventil fachgerecht bezeichnet?

_____

d) Zeichnen Sie ein Zeitverzögerungsventil in Ruhestellung geöffnet und kennzeichnen Sie die Anschlüsse.

⑤ Zeichnen Sie in den Pneumatikplan (S. 94) die erforderlichen Zeitverzögerungsventile so ein, dass es zu keiner Signalüberschneidung kommen kann.

⑥ Vervollständigen Sie den GRAFCET. Verwenden Sie eine Verzögerung von jeweils drei Sekunden.

⑦ Bei dem Pneumatikplan für die Bohrvorrichtung S. 94 wird „Signalüberschneidung" mit einem Umschaltventil verhindert.

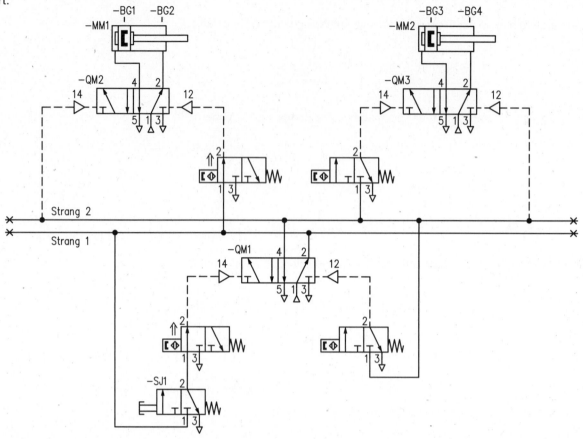

a) Welches Bauteil wird als Umschaltventil verwendet?
Beschreiben Sie auch, was die Umschaltung bewirkt.

_____

_____

_____

_____

_____

b) Geben Sie in der Tabelle die Signalzustände der Verteilerstränge und der Stellglieder –QM2 und –QM3 an.
Tragen Sie „1" ein, wenn der Strang bzw. Steueranschluss unter Druck steht, und „0", wenn er entlüftet ist. Schritt 0 entspricht der Ausgangsstellung.

| | Strang | | –QM2–14 | –QM2–12 | –QM3–14 | –QM3–12 |
	1	2	–MM1 +	–MM1 –	–MM2 +	–MM2 –
Schritt 0						
Schritt 1						
Schritt 2						
Schritt 3						
Schritt 4						

c) Woran ist ersichtlich, dass keine Signalüberschneidung auftritt?

_____

_____

Name: Klasse: Datum:

⑧ Bei einer Steuerung der Bohrvorrichtung ausschließlich über Näherungs- bzw. Endschalter besteht das Risiko, dass der Bohrvorgang beginnt, obwohl das Werkstück nicht fest gespannt ist.

a) Beschreiben Sie die Funktionsweise dieses Bauteils und benennen Sie es fachgerecht.

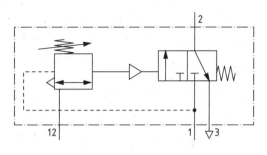

_____

_____

_____

_____

_____

b) Vervollständigen Sie diesen Schaltplan für eine pneumatische Steuerung der Bohrvorrichtung so, dass der Bohrzylinder nur dann ausfährt, wenn das Werkstück fest gespannt ist.

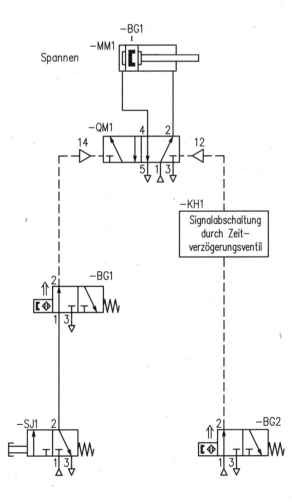

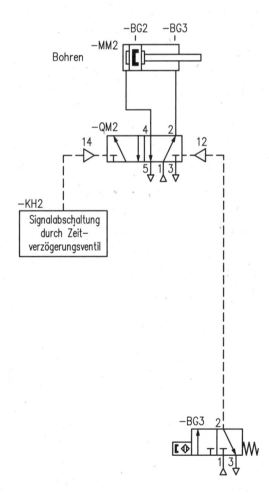

Aufgabenstellung:

Die Hubeinrichtung (S. 92) soll elektropneumatisch gesteuert werden. Durch kurze manuelle Betätigung eines Tasters soll der Ablauf gestartet werden können, wenn beide Zylinder eingefahren sind

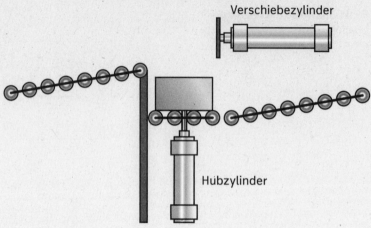

A Grundlagen der Elektropneumatik

① Die Darstellung zeigt eine elektropneumatische Steuerung.
Ordnen Sie den angeführten Gliedern die entsprechenden Bauteile der elektropneumatischen Steuerung zu.

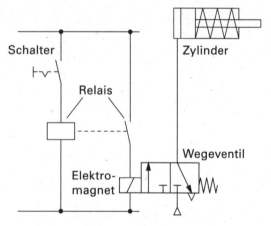

Signalglied ≙ _____

Steuerglied ≙ _____

Stellglied ≙ _____

Arbeitsglied ≙ _____

② Wodurch unterscheidet sich die elektropneumatische Steuerung grundsätzlich von der pneumatischen Steuerung?

_____

_____

Wie erfolgt die Steuerung der elektrischen Signale?

_____

_____

③ Wie funktionieren Schütz und Relais?
Wodurch unterscheiden sie sich?

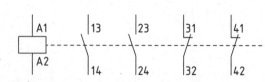

Anschlusszeichen an einem Relais

_____

_____

_____

_____

_____

⑤ Als Signalglieder in Steuerungen werden neben Schaltern noch verschiedene andere Sensoren eingesetzt. Geben Sie die jeweilige Bezeichnung und Wirkweise dieser Sensoren (Grenztaster, Näherungsschalter) an.

B Pneumatikplan und Stromlaufplan

Pneumatikplan

Erklärungen:
–BG = Näherungsschalter
–MB = Elektromagnet
–KF = Relais (Q = Schütz)
–SF = Starttaster
Ö = Öffner
S = Schließer

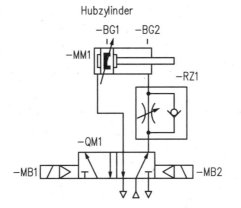

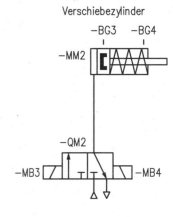

Stromlaufplan   Strompfade (hier 1–8)

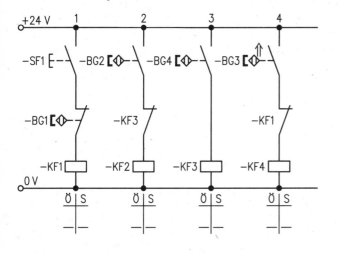

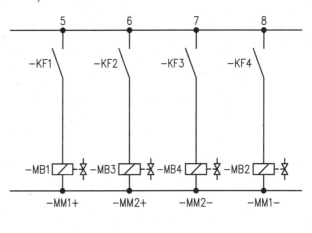

① Der Stromlaufplan S. 99 für die Hubeinrichtung besteht aus zwei Stromkreisen. Wie heißen die beiden Stromkreise und welche Strompfade des Stromlaufplans gehören jeweils dazu?

_____

_____

_____

Ergänzen Sie auch die Schaltgliedertabelle unter den entsprechenden Strompfaden S. 99.

② Vertiefen Sie sich in den Pneumatikplan und den Stromlaufplan der Hubeinrichtung.
   a) Beschreiben Sie die verwendeten Arbeitsglieder.

_____

_____

_____

_____

   b) Welche Funktion hat Bauteil −RZ1 in der Steuerung?

_____

_____

   c) Wodurch unterscheiden sich die beiden Stellglieder hinsichtlich ihrer Betätigung?

_____

_____

   d) Beschreiben Sie Aufbau und Wirkungsweise von Pfad 1 im Stromlaufplan.

_____

_____

_____

C Grafcet

Stellen Sie den Ablauf der Steuerung grafisch dar, indem Sie den GRAFCET ergänzen und kommentieren. Verwenden Sie für beide Zylinder speichernd wirkende Aktionen.

Kommentar:

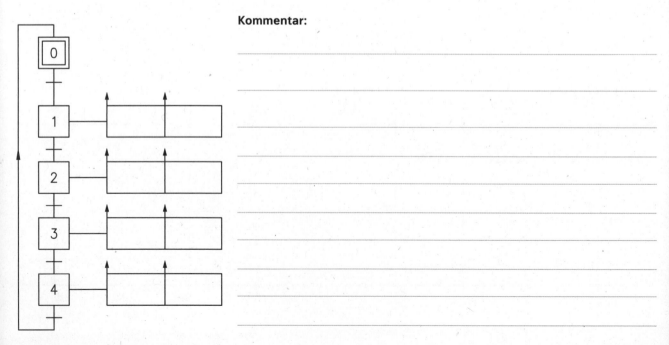

Aufgabenstellung 1:

Mit Hilfe einer hydraulischen Presse sollen Metallrohre gebogen werden.

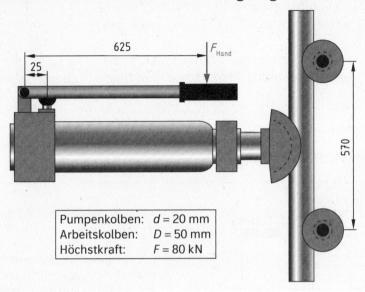

Pumpenkolben: $d = 20$ mm
Arbeitskolben: $D = 50$ mm
Höchstkraft: $F = 80$ kN

① Beschreiben Sie die Funktionsweise der Biegemaschine.

② Nennen Sie wichtige Merkmale, bei denen sich die Hydraulik von der Pneumatik unterscheidet.

③ a) Zeichnen Sie in den vereinfachten Schaltplan die erforderlichen Rückschlagventile ein.
    b) Welchen Zweck erfüllen die beiden bereits eingezeichneten Ventile?

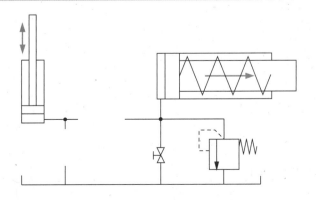

Aufgabenstellung 2:

Die Hebeeinrichtung arbeitet mit einem doppelt wirkenden Zylinder (16/10/400). Sie kann Lasten bis maximal 10 kg mit einer Geschwindigkeit von 30 m/min heben.
Die Hydropumpe hat ein Verdrängungsvolumen von 2,8 cm^3. Sie wird von einem Elektromotor mit 1 420 1/min angetrieben.
Das Hydraulikaggregat liefert einen konstanten Volumenstrom von 4 l/min. Der eingestellte Arbeitsdruck beträgt 40 bar.

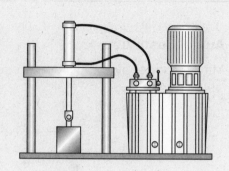

A Komponenten einer Hydraulikanlage

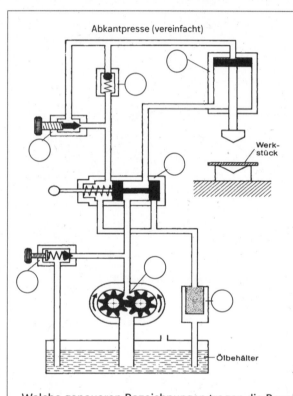

Abkantpresse (vereinfacht)

Werkstück

Ölbehälter

① Kennzeichnen Sie den Teil der Anlage farbig, der unter Druck steht.

② Die einzelnen Bauelemente der abgebildeten hydraulischen Anlage erfüllen bestimmte Aufgaben. Tragen Sie die Ziffern der Aufgabenbeschreibungen bei den entsprechenden Bauelementen ein.
  ① Ölpumpe (Druckerzeuger)
  ② Dieses Ventil schützt die Anlage vor einer Drucküberlastung.
  ③ Dieses Ventil steuert Beginn, Ende und Richtung des Ölstroms.
  ④ Dieses Ventil begrenzt die Menge des durchfließenden Ölstroms.
  ⑤ Dieses Ventil lässt den Ölstrom nur in einer Richtung durchfließen und sperrt ihn in der anderen Richtung.
  ⑥ In diesem Bauteil wird die Energie des Öldrucks umgewandelt in mechanische Arbeit.
  ⑦ Ölfilter

Welche genaueren Bezeichnungen tragen die Bauelemente?

① _____   ④ _____

② _____   ⑤ _____

③ _____   ⑥ _____

B Hydropumpen

① Was versteht man unter dem Verdrängungsvolumen einer Pumpe?

_____

_____

② Wodurch unterscheiden sich Konstantpumpen von Verstellpumpen?

_____

③ Benennen Sie jede dargestellte Pumpe mit der fachgerechten Bezeichnung.

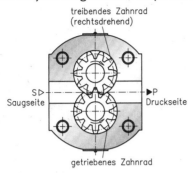

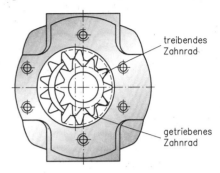

Wie kommt das Verdrängungsvolumen bei diesen beiden Pumpen zustande?

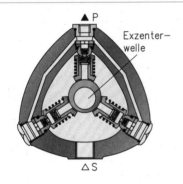

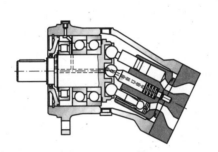

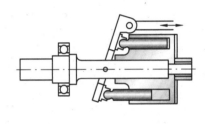

Wie kommt das Verdrängungsvolumen bei Kolbenpumpen zustande?

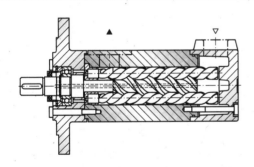

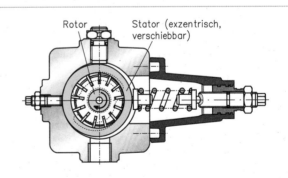

Das Verdrängungsvolumen ...

Das Verdrängungsvolumen ...

④ Skizzieren Sie die Sinnbilder für
   a) eine Konstantpumpe mit zwei Förderrichtungen,
   b) eine Verstellpumpe mit einer Förderrichtung.

a)

b)

C Hydrozylinder und Hydromotoren

① Informieren Sie sich über die Funktionsweise dieser Hydrozylinder und bezeichnen Sie die jeweiligen Darstellungen.

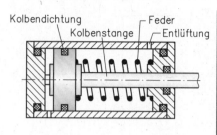

Kolbendichtung — Feder
Kolbenstange — Entlüftung

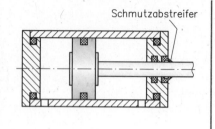

Schmutzabstreifer

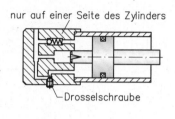

nur auf einer Seite des Zylinders

Drosselschraube

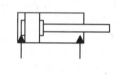 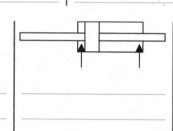 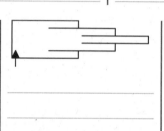 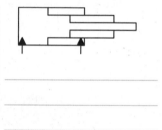

② In einer hydraulischen Steuerung ist ein Arbeitsdruck von 60 bar eingestellt. Die Pumpe fördert 5 l/min. Der doppelt wirkende Zylinder (50/30/600) hat einen Wirkungsgrad von 80 %.
a) Erläutern Sie, wodurch der Wirkungsgrad eines Zylinders gemindert wird.
b) Berechnen Sie die maximale Kolbenkraft beim Vorhub und beim Rückhub.
c) Ermitteln Sie die maximale Kolbengeschwindigkeit beim Vorhub und beim Rückhub.

a) _____

_____

b) Wirksame Kolbenfläche beim ...

Vorhub (Ausfahren): _____

Rückhub (Einfahren): _____

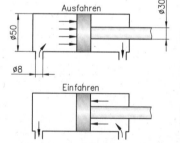

Ausfahren　$\varnothing 30$
$\varnothing 50$
$\varnothing 8$
Einfahren

wirksame Kolben—fläche

Kolbenkraft:　　p_e　Druck (in N/mm^2)
$F = p_e \cdot A \cdot \eta$　　A　wirksame Kolbenfläche
　　　　　　　　η　Wirkungsgrad

Vorhub (Ausfahren):

Rückhub (Einfahren):

c) Kolbengeschwindigkeit　Q　Volumenstrom
　　　　　　　　　　　　A　wirksame Kolbenfläche
$v = \dfrac{Q}{A}$

Vorhub (Ausfahren)

Rückhub (Einfahren)

③ Hydromotoren sind Aktoren, die im Gegensatz zu Hydrozylindern eine Drehbewegung erzeugen.
   a) Vergleichen Sie Hydromotoren und Hydropumpen hinsichtlich ihres Aufbaus.
   b) Was versteht man unter dem sog. Schluckvolumen eines Hydromotors?
   c) Erklären Sie das dargestellte Symbol.

a) _____

b) _____

c) _____

D Stromventile

① Welche Aufgaben haben Stromventile?

_____

_____

② a) Wie bezeichnet man die abgebildeten Stromventile fachgerecht?
   b) Welche Besonderheiten haben sie?
   c) Skizzieren Sie das Schaltzeichen mithilfe des Tabellenbuchs.

a) _____   a) _____

b) _____   b) _____

   _____   _____

c)   c)

③ Von welchen physikalischen Größen hängt der Volumenstrom durch ein Drosselventil hauptsächlich ab? Formulieren Sie auch eine Gesetzmäßigkeit.

_____

_____

_____

④ Wie kann in einer hydraulischen Steuerung der Volumenstrom zu einem Zylinder verringert werden, obwohl die Hydropumpe einen konstanten Förderstrom liefert?

_____

_____

_____

⑤ Beschreiben Sie ausführlich, was mit dem Volumenstrom passiert, wenn an einem Drosselventil in einer hydraulischen Steuerung der Drosselquerschnitt von „ganz offen" schrittweise auf „ganz geschlossen" verringert wird.

_____

_____

E Sperrventile

① Welche Aufgabe haben Sperrventile?

_____

② Wie bezeichnet man die abgebildeten Sperrventile?
Skizzieren Sie die Schaltzeichen mithilfe des Tabellenbuchs.

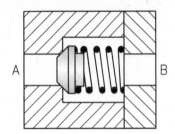
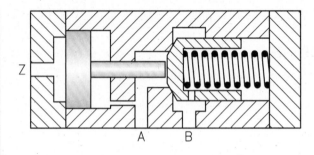

Schaltzeichen: Schaltzeichen:

Welche Körper werden als Schließelement verwendet?

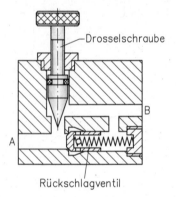

Schaltzeichen:

Besonderheit:

_____

F Proportionalventile

① Welche Aufgabe haben Proportionalventile (Wege-, Strom-,
Druckventile)?

_____

_____

_____

② Nach welchem technischen Prinzip funktionieren Proportionalventile?

Bei Proportionalventilen wird ein _____

elektrisches Eingangssignal umgeformt in ein

_____ **hydraulisches Ausgangssignal**

(z. B. Volumenstrom).

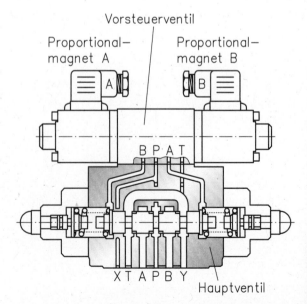

G Hydrospeicher

① Manche hydraulischen Anlagen haben einen sog. Hydrospeicher zugeschaltet (Reihenfolge: Ölbehälter – Druckbegrenzungsventil – Hydrospeicher – weitere Anlage). Welche Aufgaben haben Hydrospeicher?

_____

_____

_____

② Wie werden die folgenden Bauarten von Hydrospeichern bezeichnet?

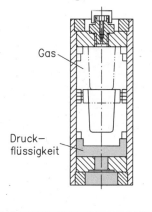 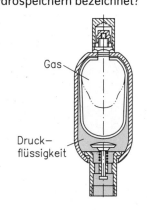 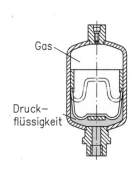

③ Beschreiben Sie die Funktionsweise des Hydrospeichers in der Anlage, wenn
   a) das Absperrventil nur bei Bedarf manuell geöffnet wird,
   b) das Absperrventil dauernd offen ist.

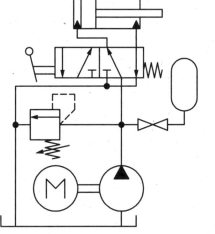

a) _____

_____

_____

_____

b) _____

_____

_____

_____

_____

H Differenzialschaltung

Die Schaltung zeigt ein Beispiel, wie auch durch Differenzialschaltung eine schnellere Kolbengeschwindigkeit erzielt werden kann.
Erklären Sie die verschiedenen Schaltstellungen des Wegeventils.

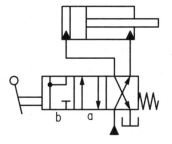

_____

_____

_____

_____

_____

I Leistungsberechnung

① a) In welcher Form wird Leistung zwischen den verschiedenen Komponenten übertragen und welche zwei physikalischen Größen bestimmen jeweils deren Größenwert?

   b) Wodurch wird der Wirkungsgrad der einzelnen Komponenten vermindert?

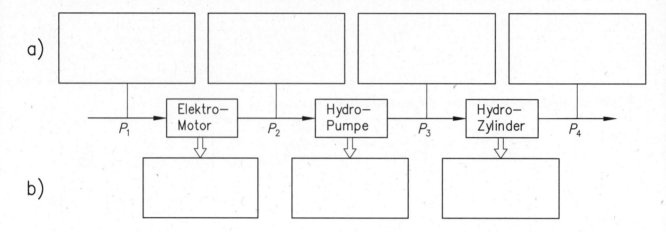

a)

b)

J Hydraulikplan für die Hebeeinrichtung

Zeichnen Sie einen normgerechten Hydraulikplan für die Hebeeinrichtung (S. 102).

| Name: | Klasse: | Datum: |

Aufgabenstellung:

Die elektropneumatische Hubeinrichtung (S. 98) soll mit einer SPS gesteuert werden.

Technologieschema

Pneumatikplan

A Arbeitsweise einer SPS

① Wodurch unterscheidet sich eine speicherprogrammierbare Steuerung (SPS) von einer verbindungsprogrammierten Steuerung (VPS)?

② Nennen Sie Bauteile, die
   a) an die Eingänge,
   b) an die Ausgänge einer SPS angeschlossen werden können.

   a) _____

   b) _____

③ Nennen Sie die drei logischen Grundverknüpfungen (Grundoperationen) für die Verarbeitung der binären Daten (0 oder 1).

   Deutsch (Englisch): _____

④ Wofür können die folgenden weiteren Steuerfunktionen (Operationen) in speicherprogramierbaren Steuerungen verwendet werden?

   RS-Speicher: _____

   Zeitgeber: _____

   Zähler: _____

   Merker: _____

⑤ Wie heißen die ausführlichen Bezeichnungen für die angegebenen Progammiersprachen?

FBS = _____

KOP = _____

AWL = _____

⑥ Tragen Sie die jeweilige Verknüpfung ein und erstellen Sie die AWL.
Geben Sie auch die boolesche Schreibweise an, wie sie in einem GRAFCET bevorzugt verwendet wird.

FBS/FUP	KOP	AWL	Verknüpfung

Boolesche Schreibweise: _____

Boolesche Schreibweise: _____

Boolesche Schreibweise: _____

B Einfache Verküpfungssteuerungen

Übertragen Sie die einzelnen Programmbeispiele in die beiden anderen Programmiersprachen und, wo gefordert, auch in die boolesche Schreibweise.

FBS/FUP	KOP	AWL

Boolesche Schreibweise: _____

Boolesche Schreibweise: _____

Boolesche Schreibweise: _____

| FBS/FUP | KOP | AWL |

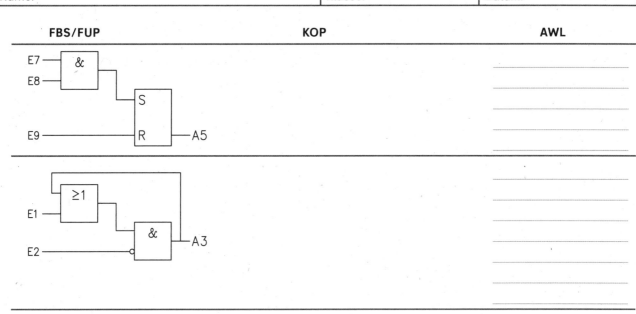

C Ablaufsteuerungen

Welche allgemeinen Merkmale kennzeichnen eine Ablaufsteuerung (Schrittkette)?

D GRAFCET (DIN EN 60848)

a) Ergänzen Sie den folgenden GRAFCET durch kurze Kommentare.
b) Erklären Sie die Übergangsbedingung (Transition) von Schritt 0 auf Schritt 1 .
c) Beschreiben Sie den Unterschied der Aktion bei Schritt 1 und der Aktion bei Schritt 2.

b)

c)

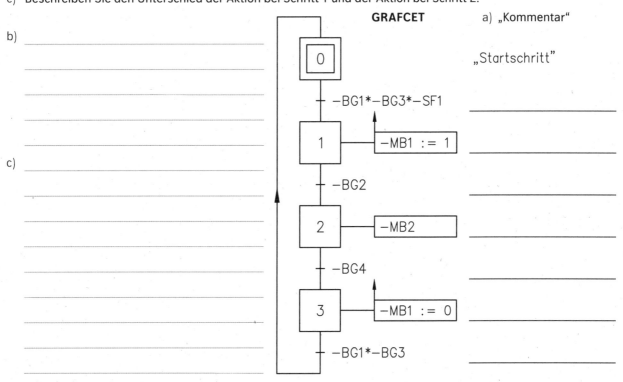

E Realisierung der Ablaufsteuerung mit einer SPS

① Vervollständigen Sie die Zuordnungsliste (für die an Ihrer Schule vorhandene SPS), aus der ersichtlich ist, wofür bestimmte Eingänge und Ausgänge der SPS verwendet werden. Führen Sie auch die Merker auf, mit denen die einzelnen Schritte gesetzt werden. Übersetzen Sie anschließend die AWL in die Schreibweise Ihrer SPS.

Zuordnungsliste

Bauteil	Kenn-zeichen	Zuordnung allgem./vorh. SPS	Kommentar
Taster (S = Schließer)	-SF1	E1	Startsignal
Näherungsschalter (S)	-BG1	E2	Zylinder -MM1 eingefahren
	-BG3	E4	
	-MB1	A1	Ausfahren -MM1
Merker	---	M1	
			Schritt 2 Ausfahren -MM2

Anweisungsliste (AWL)

Allgemeine Schreibweise

	Zeile		Operation	Operand
Schritt 1	0	0	U	E 2
	0	1	U	E 4
	0	2	U	E 1
	0	3	S	M 1
	0	4	U	M 2
	0	5	R	M 1
Schritt 2	0	6	U	M 1
	0	7	U	E 3
	0	8	S	M 2
	0	9	U	M 3
	1	0	R	M 2
Schritt 3	1	1	U	M 2
	1	2	U	E 5
	1	3	S	M 3
	1	4	U	E 2
	1	5	U	E 4
	1	6	R	M 3
Ausgabeteil	1	7	U	M 1
	1	8	S	A 1
	1	9	U	M 2
	2	0	=	A 2
	2	1	U	M 3
	2	2	R	A 1
	2	3	P E	

Schreibweise gemäß vorhandener SPS

interne Adresse	Operation	Operand	Erläuterungen

② Wie wird bei der Programmierung der Schrittkette mithilfe von Merkern sichergestellt, dass die einzelnen Schritte der Reihe nach durchlaufen werden und immer nur ein Schritt aktiv ist?

③ Alternativ zu ①: Funktionsplan (FUP), erstellt mit der Software Siemens LOGO!Soft Comfort.

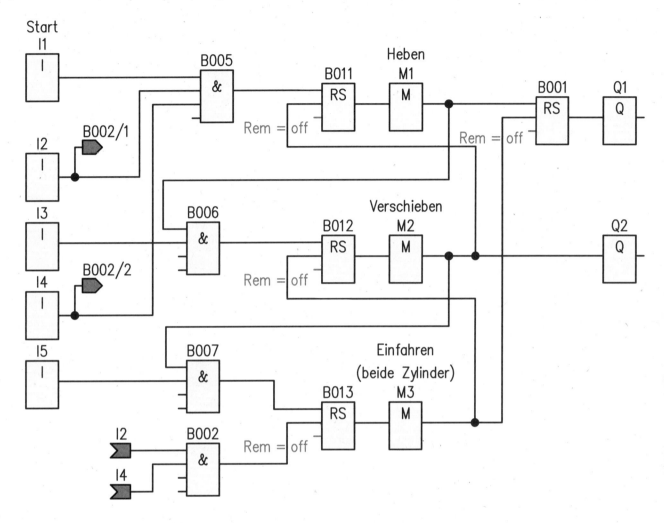

④ Welche Vorteile haben speicherprogrammierte Steuerungen gegenüber verbindungsprogrammierten Steuerungen?

_____

_____

_____

_____

_____

_____

_____

_____

_____

_____

_____

F Übungsaufgabe (SPS)

Realisieren Sie die Steuerung der Bohrvorrichtung (S. 94) mit einer SPS. Berücksichtigen Sie dabei auch den zusätzlichen Sensor -BP1.

a) Schreiben Sie einen Grafcet.
b) Fertigen Sie eine Zuordnungsliste an.
c) Erstellen Sie das Programm.

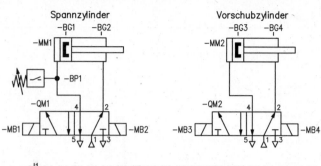

Kommentar:

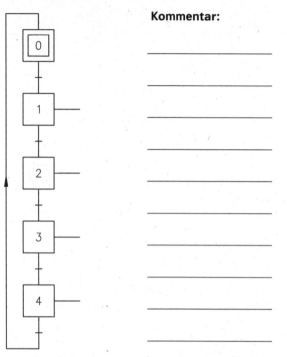

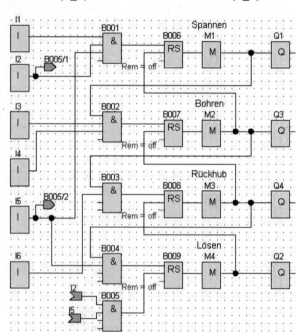

Bauteil	Kennzeichen	Zuordnung	Kommentar

d) Durch welche Maßnahmen bzw. Veränderungen könnte die Steuerung verbessert werden?

A Generatorprinzip

① Erklären Sie am Beispiel der Spule mit dem
Permanentmagneten die „Induktion der Bewegung".

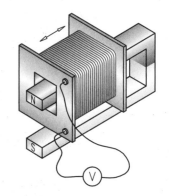

_____

_____

_____

_____

② Wovon hängt die Größe der elektrischen Spannung ab?

_____

_____

③ Erklären Sie am Beispiel des Transformators die „Induktion der Ruhe",
wenn an der Primärspule
a) Gleichspannung und
b) Wechselspannung angelegt wird.

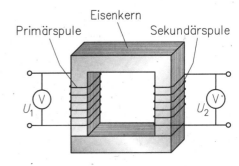

a) _____

_____

_____

_____

b) _____

_____

④ Welche Bedeutung haben die Windungszahlen der beteiligten Spulen?

_____

_____

B Spannungserzeugung in einem Generator

Durch die gleichmäßige Drehbewegung eines Magneten wird
in jeder Spule (U, V, W) eine sinusförmige Wechselspannung
induziert.

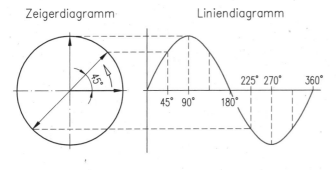

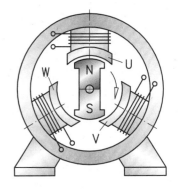

Drei-Phasen-Wechselstromgenerator

① Erklären Sie die Begriffe „Periode" und „Frequenz" bei Wechselspannung bzw. Wechselstrom.

_____

_____

② Was versteht man unter Drei-Phasen-Wechselstrom?

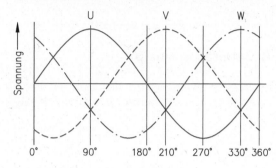

_____

_____

_____

_____

Wird von den drei Spulen jeweils ein Anschluss zum gemeinsamen Neutralleiter zusammengeführt, so ergibt sich zusammen mit den drei Außenleitern unser sog. Vierleiternetz.

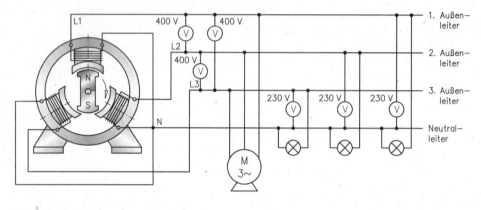

③ Wie werden grundsätzlich alle Geräte für Wechselstrom im Vierleiternetz angeschlossen?

_____

_____

④ Beschreiben Sie den besonderen Vorteil, den das Vierleiternetz für den Aufbau und Betrieb von Motoren hat und erklären Sie die verschiedenen Anschlussmöglichkeiten.

_____

_____

_____

_____

_____

_____

C Motorprinzip

Eine stromdurchflossene Spule erzeugt ein Magnetfeld. Wird dieses durch einen Eisenkern verstärkt, so entsteht ein Elektromagnet.

① Zeichnen Sie die Magnetpole des Ankers richtig ein und erklären Sie die Funktion des geteilten Schleifrings.

_____

_____

_____

_____

Ordnen Sie mit Strichen die Bezeichnungen den Teilen zu.

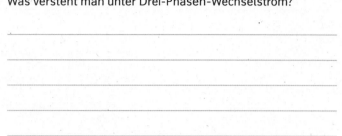

Kollektor (Kommutator, Schleifring)

Kohlebürsten

Rotor (Läufer, Anker)

Stator (Ständer)

Gleichstrommotor

② Erklären Sie das Verhalten von Gleichstrommotor und Universalmotor, wenn die äußeren elektrischen Anschlüsse vertauscht werden.

_____

_____

_____

_____

_____

_____

_____

Universalmotor

③ Der Drehstrommotor ist an alle drei Außenleiter (Stern- oder Dreiecksschaltung) angeschlossen.
   a) Wie kann seine Drehrichtung geändert werden?

_____

_____

   b) Wodurch unterscheiden sich Synchronmotoren von Asynchronmotoren und wozu dienen Frequenzumrichter?

_____

_____

_____

_____

_____

_____

④ Das Bild zeigt die Belastungskennlinie eines Asynchronmotors.
   a) Bezeichnen Sie die markierten Punkte.
   b) Beschreiben Sie das Verhalten des Motors, wenn er aus dem Leerlauf mit zunehmendem Drehmoment belastet
      wird.
   c) Wie verhält sich die Stromaufnahme des Motors?

b) _____

_____

_____

_____

c) _____

_____

_____

Drehzahl n →

Drehmoment M (Belastung) →

D Leistungsberechnung

Ohmscher Widerstand im Wechselstromkreis
(z. B. Glühlampe, Heizelement)

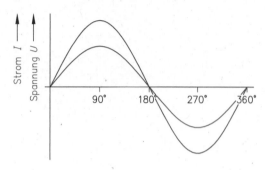

Induktiver Widerstand im Wechselstromkreis
(Spule → Selbstinduktion)

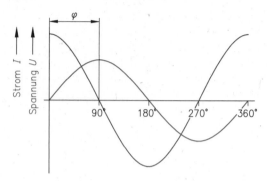

① Beschreiben Sie die Wirkungen der unterschiedlichen Widerstände im Wechselstromkreis.

_____

_____

_____

② Elektromotoren haben einen ohmschen Widerstand (Wirkwiderstand) und einen induktiven Widerstand (Blind-widerstand). Je nach Bauart, Leistung und Belastungsfall liegt der Phasenverschiebungswinkel zwischen 0° und 90°. Wie ist die Phasenverschiebung bei der Leistungsberechnung von Wechselstrommotoren zu berücksichtigen?

_____

_____

③ Wie wird bei Drehstrommotoren (M 3~) zusätzlich der Verkettungsfaktor für alle drei Phasen berücksichtigt?

_____

④ Die Motoren laufen mit der angegebenen Nennlast. Entnehmen Sie jeweils dem Leistungsschild die erforderlichen Daten und berechnen Sie
   a) die Leistungsaufnahme des Motors und
   b) seinen Wirkungsgrad bei Nennbelastung.

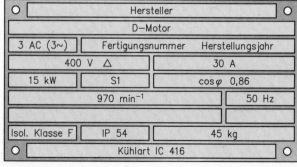

O	Hersteller		O
	AS–Motor		
1 AC (1~)	Fertigungsnummer	Herstellungsjahr	
	230 V	6,5 A	
1,2 kW	S3	cos φ 0,91	
	1450 min⁻¹	50 Hz	
Isol. Klasse A	IP 23	3,5 kg	
O	Dauerbetriebskondensator 70 μF		O

O	Hersteller		O
	D–Motor		
3 AC (3~)	Fertigungsnummer	Herstellungsjahr	
	400 V △	30 A	
15 kW	S1	cos φ 0,86	
	970 min⁻¹	50 Hz	
Isol. Klasse F	IP 54	45 kg	
O	Kühlart IC 416		O

| Name: | Klasse: | Datum: |

A Vergleich: Konventionelle Maschine – numerisch gesteuerte Maschine

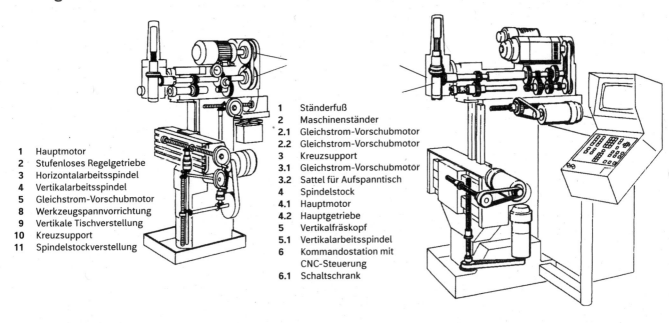

1 Hauptmotor
2 Stufenloses Regelgetriebe
3 Horizontalarbeitsspindel
4 Vertikalarbeitsspindel
5 Gleichstrom-Vorschubmotor
8 Werkzeugspannvorrichtung
9 Vertikale Tischverstellung
10 Kreuzsupport
11 Spindelstockverstellung

1 Ständerfuß
2 Maschinenständer
2.1 Gleichstrom-Vorschubmotor
2.2 Gleichstrom-Vorschubmotor
3 Kreuzsupport
3.1 Gleichstrom-Vorschubmotor
3.2 Sattel für Aufspanntisch
4 Spindelstock
4.1 Hauptmotor
4.2 Hauptgetriebe
5 Vertikalfräskopf
5.1 Vertikalarbeitsspindel
6 Kommandostation mit CNC-Steuerung
6.1 Schaltschrank

Wie unterscheiden sich eine konventionelle handbediente Fräsmaschine und eine numerisch gesteuerte Fräsmaschine in Bezug auf:

konventionelle Fräsmaschine		numerisch gesteuerte Fräsmaschine
	Hauptan-trieb	
	Haupt-getriebe	
	Vorschub-antriebe	
	Handbedie-nung	
	Wegbestim-mung	
	Vorschub-spindeln	
	Führungs-bahnen	
	Werkzeug-spannung	

B Regelkreise

Die Abbildung zeigt den Regelkreis für eine Achse einer NC-gesteuerten Werkzeugmaschine.
Erläutern Sie die abgebildeten Komponenten.

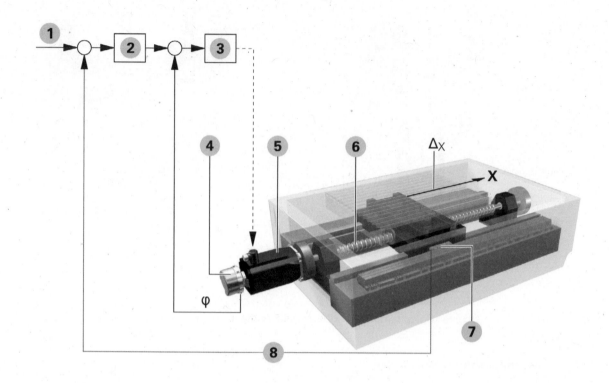

① Sollwert

② Lageregelung

③ Geschwindigkeitsregelung

④ Drehgeber

⑤ Motor

⑥ Kugelgewindetrieb

⑦ Wegmesssystem

⑧ Meldung

C Steuerungsarten

Die unten dargestellten prismatischen und zylindrischen Werkstücke sollen auf einer numerisch gesteuerten Werkzeugmaschine bearbeitet werden. Welche Steuerungsart ist dazu mindestens erforderlich?

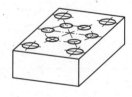   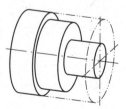 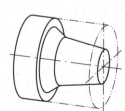

Name: | Klasse: | Datum:

D Wegmesssysteme

① Welche Art der Messwerterfassung wird bei CNC-Maschinen bevorzugt verwendet?

CNC-Maschinen: _____ **Messwerterfassung**

② Woraus bestehen Wegmesssysteme gewöhnlich?

_____

oder

_____

+ _____ | **Lese-kopf** |

③ Wie bezeichnet man die beiden dargestellten Arten der Wegmessung?

Lichtquelle   Kondensor (Linse)   Strichmaßstab

Referenzmarke   Abtast-platte   Foto-elemente (licht-empfindliche Dioden)

_____ Wegmessung

Wesentliches Merkmal:

_____

_____

Was folgt daraus für das Messen?

Das Messen besteht aus dem _____

der Strichabstände zwischen _____

-punkt und _____ -punkt einer Bewegung.

M.a.W.: Hier geht es beim Messen vom jeweils angefahrenen Punkt weiter.

Wie stark ist die Auflösung des Strichmaßstabs bei Metallverarbeitungsmaschinen?

_____

dualcodierter Maßstab

Licht-quellen

2^0
2^1
2^2
2^3

Foto-elemente

Nullpunkt

_____ Wegmessung

Wesentliches Merkmal:

_____

_____

Was folgt daraus für das Messen?

_____ -punkt und _____ -punkt

einer Bewegung werden vom _____ aus angegeben.

Berechnen Sie die tatsächliche Maßzahl aus dem dualen Code. (In der Darstellung lassen die geschwärzten Felder den Lichtstrahl durchtreten.

Dualzahl: _____

| 2^3 | 2^2 | 2^1 | 2^0 | $\triangleq$ _____ |

E Koordinatensysteme

① Tragen Sie die Haupt- und Drehachsen des rechts-
händigen Koordinatensystems in die Tabelle ein.

Haupt-achsen	Dreh-achsen

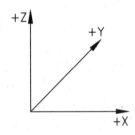

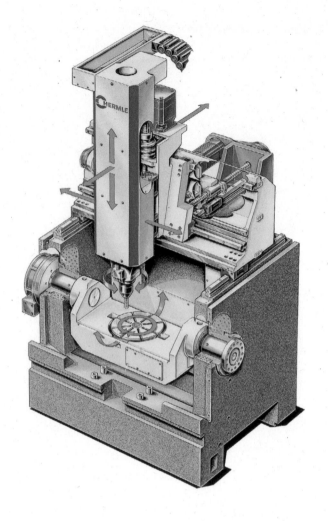

② Tragen Sie die Drehachsen A, B und C in das gege-
bene Koordinatensystem ein. Die positive Drehrichtung ist – vom Nullpunkt aus in positiver Achsrich-
tung gesehen – im Uhrzeigersinn.

③ Benennen Sie die Hauptachsen sowie die Drehachsen von Rundtisch und Schwenktisch der abgebildeten CNC-Fräsmaschine.

F Übungen mit Koordinatensystemen

Bei CNC-Werkzeugmaschinen gibt es verschiedene Koordinatensysteme bezogen auf die Maschinenart. Die Haupt-
spindel ist die Z-Achse.
Der Programmierer geht immer davon aus, dass sich das Werkzeug bewegt.

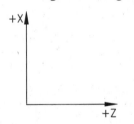
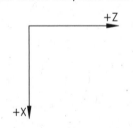
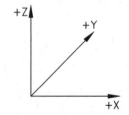
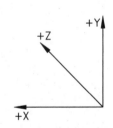

① Um welche Werkzeugmaschinen handelt es sich bei den abgebildeten Koordinatensystemen?
(Blickrichtung vor der Maschine stehend auf das Werkstück)

② Tragen Sie die Koordinatenpunkte in die Tabelle ein. Beachten Sie dabei, dass beim Drehen alle X-Koordinaten auf den Durchmesser bezogen sind! Die Größe der Quadrate soll 5 mm betragen.

Drehmaschine   **Fräsmaschine**

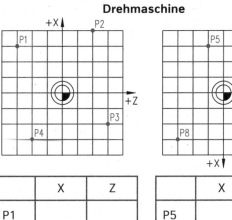
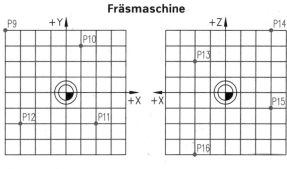

	X	Z
P1		
P2		
P3		
P4		

	X	Z
P5		
P6		
P7		
P8		

	X	Y
P9		
P10		
P11		
P12		

	X	Z
P13		
P14		
P15		
P16		

G Bezugspunkte

Im Arbeitsraum einer Werkzeugmaschine werden besondere Punkte durch Symbole gekennzeichnet.

① Ergänzen Sie die Tabelle der Bezugspunkte mithilfe des Tabellenbuchs.

Symbol	Kenn-buchstabe	Bezeichnung
⊕		
⊕		
⊕		
⊕		

② Tragen Sie in die skizzierte Senkrecht-Fräsmaschine und die Drehmaschine die Achsrichtungen ein und versehen Sie die Symbole der Bezugspunkte mit den entsprechenden Kennbuchstaben.

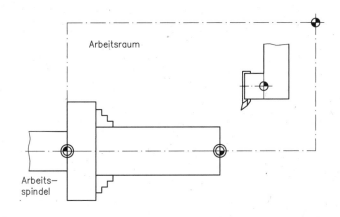

Arbeitsraum

Arbeitsspindel

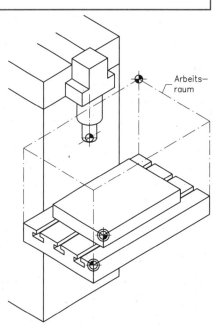

Arbeitsraum

A Übungen mit Linearinterpolation

Zeichnen Sie den Werkstück-Nullpunkt ein und programmieren Sie die Werkzeugbewegungen im **Absolutmaß**. Benennen Sie die geometrischen Funktionen G00 und G01 und tragen Sie diese in das Programm ein. Die breite Volllinie soll 3 mm tief gefräst werden, ohne technologische Daten.

G00 _____

G01 _____

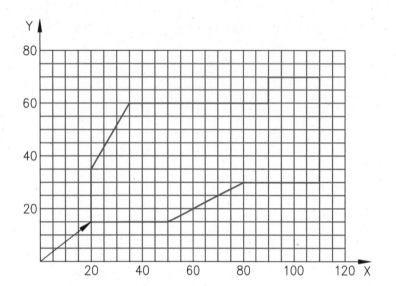

N	G	X	Y	Z
N1				
N2				
N3				
N4				
N5				
N6				
N7				
N8				
N9				
N10				
N11				
N12				
N13				

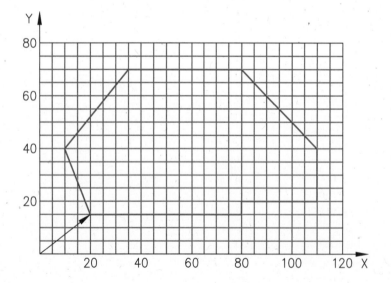

N	G	X	Y	Z
N1				
N2				
N3				
N4				
N5				
N6				
N7				
N8				
N9				
N10				
N11				
N12				
N13				

B Übungen mit Kreisinterpolation

① Erläutern Sie folgende G-Funktionen nach DIN 66025:

G02 _____

G03 _____

X _____

Y _____

I _____

J _____

② Zeichnen Sie den Werkstück-Nullpunkt ein und erstellen Sie das CNC-Programm ohne technologische Daten. Die breite Volllinie soll 3 mm tief gefräst werden.

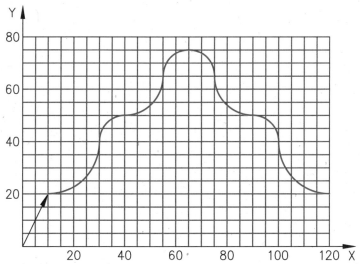

N	G	X	Y	Z	I	J
N1						
N2						
N3						
N4						
N5						
N6						
N7						
N8						
N9						
N10						
N11						

N	G	X	Y	Z	I	J
N1						
N2						
N3						
N4						
N5						
N6						
N7						
N8						
N9						
N10						
N11						
N12						
N13						
N14						
N15						
N16						

C Programmierübung ohne Werkzeugradiuskorrektur

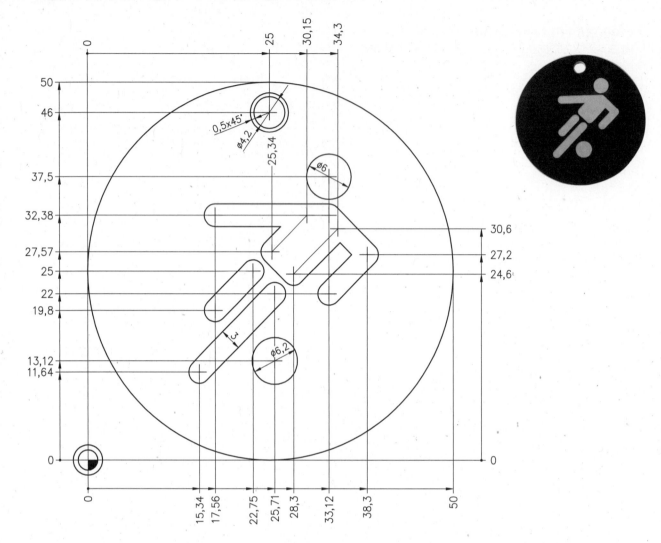

① Das abgebildete Piktogramm soll in Al-Scheiben oder in zweifarbigen Kunststoff Ø 50 × 3 gefräst werden. Erstellen Sie das CNC-Programm nach DIN PAL für eine Frästiefe von 0,5 mm.

Folgende Werkzeuge stehen zur Verfügung:

T1 Schaftfräser Ø 3 mm	$v_c = 100$ m/min	$f_z = 0,01$ mm	$z = 2$
T2 Schaftfräser Ø 6 mm	$v_c = 100$ m/min	$f_z = 0,02$ mm	$z = 3$
T3 NC-Anbohrer Ø 10 mm	$v_c = 70$ m/min	$f = 0,18$ mm/U	
T4 Bohrer Ø 4,2 mm	$v_c = 70$ m/min	$f = 0,10$ mm/U	

Je ein Zahn über Mitte schneidend (T1, T2)

Die maximale Drehzahl der Maschine beträgt $4\,000\,\frac{1}{\text{min}}$.

Anbohren und Senken in einem Arbeitsgang

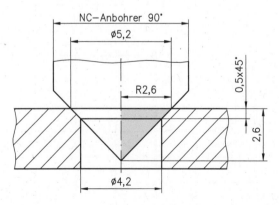

② Das obige Werkstück beinhaltet folgende Vorgaben:
Bohrung Ø 4,2
Senkung 0,5 × 45°
Welche Arbeitsschritte sind dazu erforderlich?

1. _____

2. _____

3. _____

Name: Klasse: Datum:

Programm-Nr.: _____

N	G	X	Y	Z	I	J	F	S	T	M
N1										
N2										
N3										
N4										
N5										
N6										
N7										
N8										
N9										
N10										
N11										
N12										
N13										
N14										
N15										
N16										
N17										
N18										
N19										
N20										
N21										
N22										
N23										
N24										
N25										
N26										
N27										
N28										
N29										
N30										
N31										
N32										
N33										
N34										
N35										
N36										
N37										
N38										
N39										
N40										
N41										
N42										
N43										
N44										

D Programmierübung mit Werkzeugradiuskorrektur

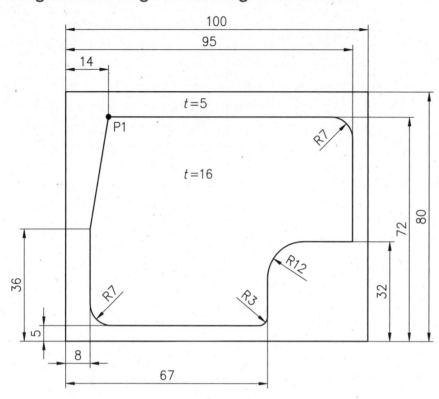

In Werkstücke 100 × 80 × 16 aus AlMg1 soll die gezeichnete Kontur im Gleichlauf eingefräst werden.

Folgendes Werkzeug steht zur Verfügung:

T1 Schaftfräser Ø 20 mm
v_c = 100 m/min
f_z = 0,05 mm
z = 3

① Zeichnen Sie den Werkstück-Nullpunkt in die Zeichnung ein.
② Erstellen Sie das CNC-Programm mit dem 1. Konturpunkt bei P1.

Programm-Nr.: _____

N	G	X	Y	Z	I	J	F	S	T	M
N1										
N2										
N3										
N4										
N5										
N6										
N7										
N8										
N9										
N10										
N11										
N12										
N13										
N14										
N15										
N16										
N17										
N18										
N19										
N20										
N21										
N22										
N23										

Name:	Klasse:	Datum:

E Programmierübung mit Zyklen

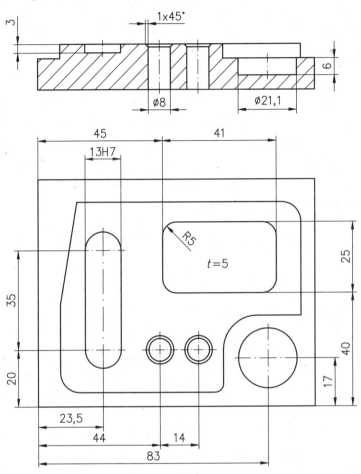

Ergänzen Sie das vorgefertigte Werkstück mit der Nut, den Taschen und den Bohrungen mithilfe der Anwendung von Zyklen.

Verwenden Sie dazu folgende Werkzeuge:

T2 Langlochfräser Ø 10
v_c = 100 m/min
f_z = 0,05 mm
z = 2

T3 NC-Anbohrer Ø 12
v_c = 70 m/min
f = 0,18 mm/U

T4 Bohrer Ø 8
v_c = 70 m/min
f = 0,2 mm/U

① Zeichnen Sie den Werkstück-Nullpunkt ein.
② Ergänzen Sie das Programm von Seite 128 durch die Zyklen oder erstellen Sie ein neues Programm.
③ Erläutern Sie das Programm in den einzelnen Sätzen.

N	NC-Programm							Kommentar
N23								
N24								
N25								
N26								
N27								
N28								
N29								
N30								
N31								
N32								
N33								
N34								
N35								
N36								
N37								
N38								
N39								

A Übungen mit Koordinaten

Tragen Sie die Koordinatenpunkte entsprechend dem Werkstück-Nullpunkt in die Tabelle ein. Beachten Sie dabei, dass die X-Koordinate immer im Durchmesser angegeben wird.

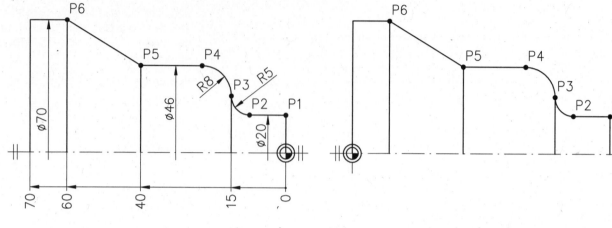

	X	Z	I	K
P1				
P2				
P3				
P4				
P5				
P6				

	X	Z	I	K
P1				
P2				
P3				
P4				
P5				
P6				

B Programmierübung Drehen

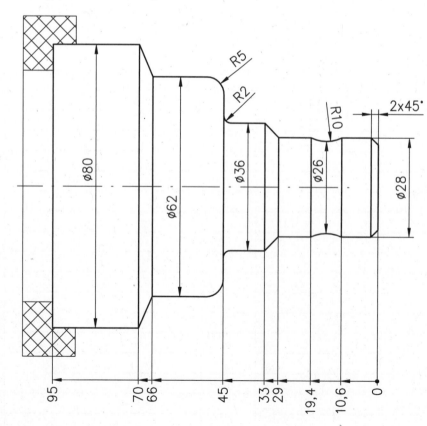

Das abgebildete Werkstück aus C45 soll auf einer CNC-Maschine gefertigt werden. Die linke Planfläche ist bereits bearbeitet. Das Rohmaß beträgt Ø 80 × 96. Das Vordrehen soll im Abspanzyklus mit einem Aufmaß von 0,5 mm am Durchmesser und mit 0,1 mm an den Planflächen erfolgen. Die max. Drehzahl soll auf 3000 1/min begrenzt werden.

① Zeichnen Sie den Werkstück-Nullpunkt ein.
② Erstellen Sie den Arbeitsplan.
③ Schreiben Sie das CNC-Programm mit Kommentar.

| Name: | Klasse: | Datum: |

Arbeitsplan

Nr.	Arbeitsfolge	Werkzeuge – Winkel – Radius

CNC-Programm

N	G	X	Z	S	F	T	M				Kommentar
N1											
N2											
N3											
N4											
N5											
N6											
N7											
N8											
N9											
N10											
N11											
N12											
N13											
N14											
N15											
N16											
N17											
N18											
N19											
N20											
N21											
N22											
N23											
N24											
N25											
N26											
N27											
N28											
N29											

C Programmierübung mit Gewinde

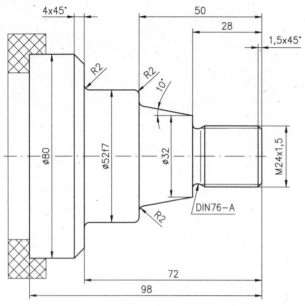

Der abgebildete Achsbolzen aus 37Cr4 soll auf einer CNC-Drehmaschine gefertigt werden. Die Maße des Rohteils betragen Ø 80 × 99.

Das Aufmaß beim Vordrehen soll am Durchmesser 0,5 mm und an den Planflächen 0,1 mm betragen. Die max. Drehzahl ist auf 3000 1/min zu begrenzen.

① Zeichnen Sie den Werkstück-Nullpunkt ein.
② Erstellen Sie das CNC-Programm mit Kommentar.

N	G	X	Z	S	F	T	M			Kommentar
N1										
N2										
N3										
N4										
N5										
N6										
N7										
N8										
N9										
N10										
N11										
N12										
N13										
N14										
N15										
N16										
N17										
N18										
N19										
N20										
N21										
N22										
N23										
N24										
N25										
N26										
N27										
N28										
N29										
N30										

| Name: | Klasse: | Datum: |

A Grundsätzliches zum Schutzgasschweißen

① Die Skizze zeigt, wie das Schutzgasschweißen prinzipiell funktioniert.
Erläutern Sie die Ziffern.

1 _____

2 _____

3 _____

Werkstück

② Welche Aufgabe hat das Schutzgas beim Schutzgasschweißen?

_____

_____

_____

③ Welche Elektroden werden beim Schutzgasschweißen verwendet? Welche Verfahren werden danach unterschieden?

Elektroden

abschmelzend   **nicht abschmelzend**

Bezeichnungen für Verfahren: Bezeichnungen für Verfahren:

Abk: _____   Abk: _____   Abk: _____   Abk: _____

B MIG- und MAG-Schweißen

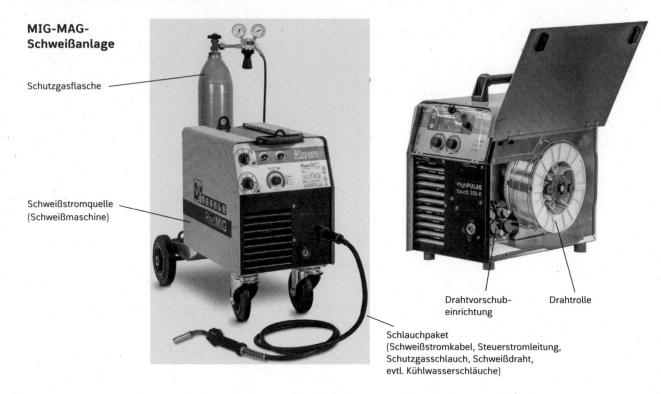

MIG-MAG-Schweißanlage

- Schutzgasflasche
- Schweißstromquelle (Schweißmaschine)
- Drahtvorschubeinrichtung
- Drahtrolle
- Schlauchpaket (Schweißstromkabel, Steuerstromleitung, Schutzgasschlauch, Schweißdraht, evtl. Kühlwasserschläuche)

① Welcher Lichtbogen (Wechselstrom-, Gleichstromlichtbogen) wird beim MIG-MAG-Schweißen verwendet?

       Lichtbogen MIG/MAG: _____

② Welche Schutzgase werden beim MIG- und MAG-Schweißen verwendet?
Welche Werkstoffe werden mit diesem Verfahren geschweißt?

	Schutzgas	Anwendung bei
MIG		
MAG		

③ Wie verhalten sich die Schutzgase des MIG-Schweißens und des MAG-Schweißens chemisch?

Schutzgas MIG-Schweißen: _____

_____

Schutzgas MAG-Schweißen: _____

_____

④ Schweißspannung und Vorschubgeschwindigkeit der Drahtelektrode werden vor dem Schweißen eingestellt. Welche Faktoren beeinflussen diese Einstellung?

_____

_____ beeinflussen ⟩ **Höhe Schweißspannung, Vorschubgeschw. Drahtelektrode**

_____

| Name: | Klasse: | Datum: |

C WIG-Schweißen

WIG-Schweißanlage

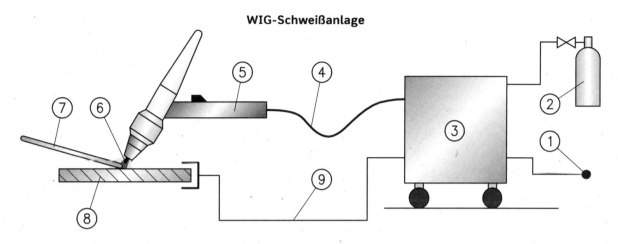

① Erläutern Sie die Ziffern der Zeichnung.

1 _____   5 _____

2 _____   6 _____

3 _____   7 _____

4 _____   8 _____

_____   9 _____

② Welche Schutzgase werden beim WIG-Schweißen verwendet?
Welche Werkstoffe werden geschweißt?

Schutzgas	Anwendung bei	
	Gleichstromlichtbogen	Wechselstromlichtbogen

③ Nennen Sie die Schweißfehler und ihre Folgen bei den abgebildeten Schweißnähten.

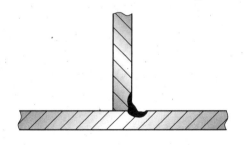

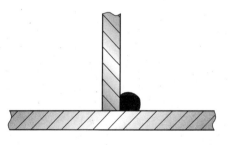

Fehler: _____   Fehler: _____

_____   _____

Folgen: _____   Folgen: _____

_____   _____

D Wolfram-Plasmaschweißen (WP)

① Das Wolfram-Plasmaschweißen ist eine Abänderung des WIG-Schweißens. Zur WIG-Schweißanlage kommen ein Plasma-Steuergerät und ein besonderer Schweißbrenner hinzu.

Plasma-Schweißbrenner

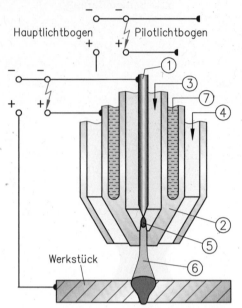

Erläutern Sie die Ziffern der Zeichnung.

1 _____   5 _____

2 _____   6 _____

3 _____   7 _____

4 _____   (entfällt bei kleineren Geräten; dort Kühlung durch Schutzgas)

② Welche Aufgaben hat das Plasmasteuergerät?

a) _____

b) _____

③ Welche Gase werden beim Plasmaschweißen verwendet?

Plasmagas	Schutzgas

④ Welche Besonderheiten weist der Plasma-Lichtbogen auf?

Zündung: _____

Führung: _____

Stromart: _____

⑤ Welche Vorteile hat das Plasmaschweißen?

_____

_____

_____

_____

E Schweißnahtformen

① Schweißnähte können verschiedene Formen aufweisen.
   a) Zeichnen Sie farbig die Schweißnaht ein, die entsteht, wenn die jeweiligen Werkstücke geschweißt werden.
   b) Wie wird die jeweilige Schweißnaht bezeichnet?
   c) Tragen Sie die sinnbildliche Darstellung der Schweißnaht ein, wie sie in technischen Zeichnungen verwendet wird.

② Was bedeutet die folgende sinnbildliche Schweißnaht-Darstellung?

F Arbeitssicherheit

Beim Schweißen muss hoher Wert auf die Arbeitssicherheit gelegt werden. Vor welchen Gefährdungen muss der Schweißer besonders geschützt werden?

A Qualitätsregelkarten

Qualitätsregelkarten wurden für die Kontrolle in der industriellen Fertigung entwickelt. Dabei geht es darum, Werkstücke einer Stichprobe zu unterziehen. Die Daten werden in eine Qualitätsregelkarte eingetragen und ausgewertet. Dabei kann man erkennen, ob der Produktionsprozess noch stabil ist. Sollte er nicht stabil sein, müssen sofortige Korrekturmaßnahmen ergriffen werden, um Ausschussteile zu vermeiden und die Produktivität zu steigern.

① Übersetzen Sie die Abkürzungen in einer Qualitätsregelkarte.

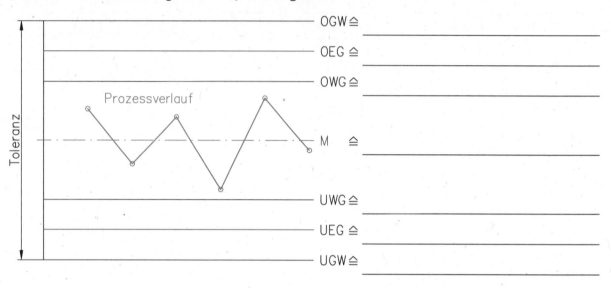

② Wodurch ist der obere und der untere Grenzwert bei einem tolerierten Maß gegeben?

Die obere und die untere Eingriffsgrenze liegen bei einer statistischen Sicherheit von 99,73 %, was einer Abweichung von ± 3 σ entspricht. Sie kann mit folgenden Formeln berechnet werden:

Bei der Mittelwertkarte (s. S. 142):

$OEG = \bar{\bar{x}} + A_2 \cdot \bar{R}$
$UEG = \bar{\bar{x}} - A_2 \cdot \bar{R}$

Bei der Spannweitenkarte (R-Karte; s. S. 142):

$OEG = D_4 \cdot \bar{R}$
$UEG = D_3 \cdot \bar{R}$

Tabellenwerte

Anzahl der Messwerte pro Stichprobe	A_2	D_3	D_4	d_2
3	1,023	0	2,574	1,693
5	0,577	0	2,114	2,326
7	0,419	0,076	1,924	2,704

Die obere und die untere Warngrenze kann ebenfalls berechnet werden. Sie grenzt den Streubereich von 95,45 % ab (entspricht ± 2 σ). Häufig wird auf die Warngrenzen ganz verzichtet.

B Prozessverläufe

Die abgebildete Übersicht zeigt charakteristische Prozessverläufe auf Qualitätsregelkarten, wie sie in der Praxis häufiger vorkommen.

Bewerten Sie die Prozessverläufe und überlegen Sie mögliche Ursachen und Maßnahmen, wie in den Prozess eingegriffen werden soll.

	Bezeichnung	Ursachen, Maßnahmen
OEG / M / UEG	**Natürlicher Verlauf**	
OEG / M / UEG	**Run**	
OEG / M / UEG	**Trend**	
OEG / M / UEG	**Middle Third**	
OEG / M / UEG	**Middle Third**	
OEG / M / UEG	**Ausreißer**	
OEG / M / UEG	**Periode**	

C Untersuchen der Prozessfähigkeit – Projekt Ritzel

Das abgebildete Ritzel ist in einem Kegelgetriebe montiert. Es wird in der CNC-Fertigung in Serie gefertigt. Mit Stichproben soll die Fertigung während der Produktion geprüft werden. Spezieller Prüfgegenstand ist der Durchmesser 22j6. Für eine Beurteilung des Prozessverhaltens sind mindestens 25 Stichproben bei fünf Messwerten erforderlich. Aus zeitlichen Gründen beschränken wir unsere Aufgabe auf zehn Stichproben mit jeweils fünf Messwerten (siehe Aufgaben S. 141 E, F).

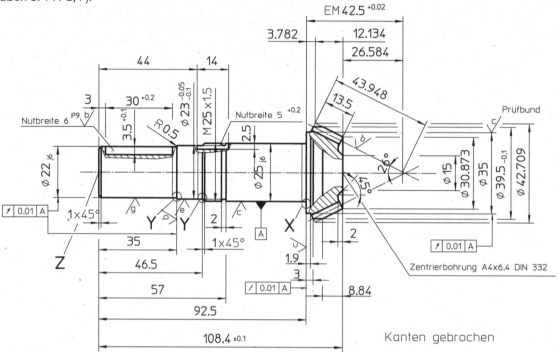

D Ursache-Wirkungs-Diagramm (Ishikawa-Diagramm)

Ergänzen Sie das Ursache-Wirkungs-Diagramm für das Drehen des abgebildeten Ritzels. Tragen Sie die sechs Haupteinflussgrößen in das Diagramm ein: Mensch, Maschine, Milieu, Material, Methode und Messung. Überlegen Sie dann, welche möglichen Fehler beim Drehen des Werkstücks auftreten können, und notieren Sie diese bei den entsprechenden Haupteinflussgrößen.

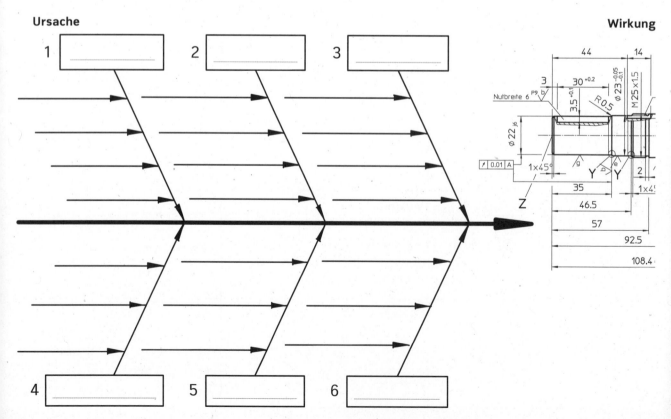

| Name: | Klasse: | Datum: |

E Aufgaben zum Projekt Ritzel

① Bestimmen Sie Höchst- und Mindestmaß von Ø 22j6 und berechnen Sie die Toleranz des Passmaßes.

	22j6
Höchstmaß	
Mindestmaß	
Toleranz	

② Geben Sie geeignete Prüfmittel zum Prüfen der angegebenen Maße und des Rundlaufs des Ritzels an.

Durchmesser 22j6	
Nutlänge 30	
Rundlauf 0,01	

③ Beim Prüfen können systematische oder zufällige Messfehler auftreten. Geben Sie Ursachen an, die zu diesen Maßabweichungen führen können.

Systematische Messfehler	Zufällige Messfehler

F Durchführung der Prozessfähigkeitsuntersuchung

Urliste der Passmaße 22j6

Messwerte   **Anzahl der Stichproben**

Nr.	1	2	3	4	5	6	7	8	9	10
X_1	22,004	22,002	22,001	22,004	22,005	22,003	22,002	22,003	22,001	22,002
X_2	22,002	22,004	22,002	22,003	22,001	22,004	22,005	22,000	22,002	22,003
X_3	22,002	22,003	21,999	22,004	22,002	22,003	22,003	22,001	22,003	22.004
X_4	22,003	21,999	22,003	22,002	22,003	22,001	22,004	22,002	22,003	22,002
X_5	22,001	22,004	22,000	22,002	22,000	22,002	22,001	21,999	22,000	22,003
	6 Uhr	7 Uhr	8 Uhr	9 Uhr	10 Uhr	11 Uhr	12 Uhr	13 Uhr	14 Uhr	15 Uhr
Σx										
$\bar{x}$										
R										

① Addieren Sie die fünf Messwerte der einzelnen Stichproben zu einer Gesamtsumme Σx pro Stichprobe. Berechnen Sie die Mittelwerte $\bar{x}$ und die Spannweite R jeder Stichprobe. Tragen Sie die Werte in die Tabelle ein.

② Berechnen Sie den Gesamtmittelwert $\bar{\bar{x}}$ aller Mittelwerte $\bar{x}$ und die mittlere Spannweite $\bar{R}$.

G Mittelwertkarte

① Tragen Sie den oberen und den unteren Grenzwert und die Toleranzmitte in die Mittelwertkarte ein. Berechnen Sie die obere und die untere Eingriffsgrenze für die Mittelwertkarte und zeichnen Sie die Linien in die Mittelwertkarte ein. (Siehe dazu die Formeln auf S. 138)

② Tragen Sie die berechneten arithmetischen Mittelwerte $\bar{x}$ (vgl. Aufgabe F) in die Mittelwertkarte ein und verbinden Sie die Punkte des Prozessverlaufs.

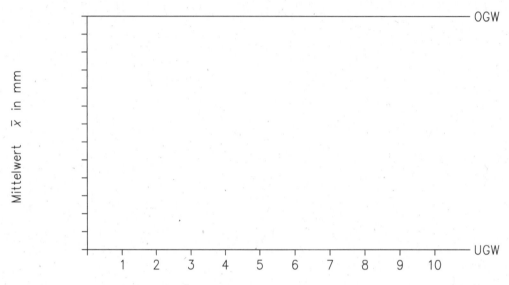

H Spannweitenkarte (R-Karte)

① Berechnen Sie die obere und die untere Eingriffsgrenze für die Spannweiten und tragen diese in die Spannweiten- karte ein.

② Zeichnen Sie die mittlere Spannweite $\bar{R}$ (vgl. Aufgabe F) in die Spannweitenkarte ein. Tragen Sie dann die Spannweiten R ein und verbinden Sie die Punkte des Prozessverlaufs.

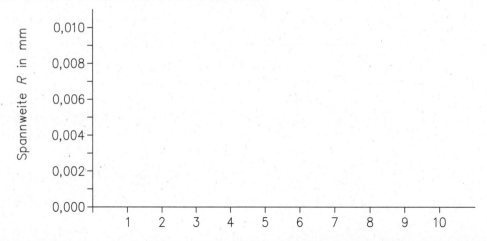

| Name: | Klasse: | Datum: |

③ Bewerten Sie die Prozessverläufe in der Mittelwertkarte und in der Spannweitenkarte für das Projekt Ritzel.

④ Was kann aus einer Spannweitenkarte erkannt werden?

I Ermittlung der Prozessfähigkeit

① Berechnen Sie die geschätzte Standardabweichung $\hat{\sigma}$ und die Prozessfähigkeitskennwerte c_p und c_{pk} (Formeln s. Tabellenbuch).

② Beurteilen Sie die Prozessfähigkeit für die CNC-Fertigung bezogen auf den Durchmesser 22j6 am Projekt Ritzel.

Bildquellenverzeichnis